JN334630

50の名車とアイテムで知る
図説 自転車の歴史
The History of Cycling in
Fifty Bikes

◆著者略歴
トム・アンブローズ（Tom Ambrose）
ダブリン大学トリニティ・カレッジに学び、ロンドン大学ユニヴァーシティ・カレッジの大学院を修了。当初は広告業にたずさわるが、テレビドキュメンタリー番組の制作・監督に転向したのち、専業の作家になり、『ヒトラーの損失──アメリカとイギリスはヨーロッパの文化的流刑からなにを得たか（Hitler's Loss: What Britain and America Gained from Europe's Cultural Exiles）』でデビュー。おもな著書に、『王と影の王妃──ジョージ4世最後のスキャンダル（The King and the Vice Queen: George IV's Last Scandalous Affair）』、『独裁政治──カリグラからムガベまで、専制君主の実態（The Nature of Despotism: From Caligula to Mugabe, the Making of Tyrants）』、『ヒーローと排斥──時代をこえた同性愛のアイコン（Heroes and Exiles: Gay Icons through the Ages）』がある。

◆訳者略歴
甲斐理恵子（かい・りえこ）
北海道大学卒業。旅行代理店勤務等をへて翻訳者に。おもな訳書に、『図説世界史を変えた50の動物』（原書房）ほかがある。

THE HISTORY OF CYCLING IN FIFTY BIKES
by Tom Ambrose
© 2013 Quid Publishing
Japanese translation rights arranged with Quid Publishing Ltd., London
through Tuttle-Mori Agency, Inc., Tokyo

50の名車とアイテムで知る
図説
自転車の歴史

●

2014年9月20日　第1刷

著者………トム・アンブローズ
訳者………甲斐理恵子
装幀………川島進（スタジオ・ギブ）
本文組版………株式会社ディグ

発行者………成瀬雅人
発行所………株式会社原書房
〒160-0022　東京都新宿区新宿1-25-13
電話・代表 03(3354)0685
http://www.harashobo.co.jp
振替・00150-6-151594
ISBN978-4-562-05081-9

©Harashobo 2014, Printed in China

50の名車とアイテムで知る
図説 自転車の歴史

トム・アンブローズ　　甲斐理恵子 訳
Tom Ambrose　　　　*Rieko Kai*

The History of Cycling in
Fifty Bikes

原書房

目次

はじめに ………………………… 6

1：自転車の原型 ……………… 8
庶民の乗り物を求めて

2：ドライジーネ ……………… 12
フランス発の初期の2輪車

3：ホビーホース ……………… 18
ダンディな若者の選択

4：マクミラン型ペダル自転車 …… 22
両足を地面から離して

5：ベロシペード ……………… 24
前輪駆動

6：ボーンシェイカー …………… 28
過酷なサイクリング

7：アリエル …………………… 32
危険なペニー・ファージング

8：ローバー …………………… 38
安全型自転車

9：ファシル …………………… 42
ドワーフ・オーディナリ

10：サルヴォ・クワドリサイクル …… 46
マルチホイーラー（車輪の多い自転車）

11：コロンビア・ハイホイーラー …… 48
アメリカ生まれ

12：コヴェントリー・レバー ……… 54
トライシクル

13：空気タイヤ ………………… 58
快適な乗り心地

14：スウィフト ………………… 62
事務員の自転車

15：アイヴェル ………………… 64
2人乗り自転車

16：エルスウィック・スポーツ …… 68
自転車に乗った女性たち

17：ルーカス・ランプ ………… 72
夜道を照らす

18：ダーズリー・ペダーセン …… 76
奇抜なデザイン

19：モルヴァーン・スター ……… 80
オーストラリア横断

20：フランセーズ・ディアマン …… 84
初のツール・ド・フランス

21：スターメーアーチャー ……… 90
変速ギア

22：ラボール・ツール・ド・フランス …… 94
ねじれ剛性

23：オートモート ……………… 96
初期の長距離レース自転車

24：ヴィアル・ヴェラスティック …… 100
マウンテンバイク誕生前夜

25：ヴェロカー ………………… 102
レース用リカンベント

26：ハーキュリーズ …………… 106
女性レーサー

27：バーテル・スペシャル ………… 112
6日間レース

28：シュル・フュニキロ ………… 116
初期マウンテンバイク

29：ケートケ ………… 118
トラック用タンデム

30：変速機（ディレイラー）………… 120
レース用ギア

31：ベインズ VS 37 ………… 126
1930年代の傑作

32：ビアンキ ………… 130
偉大なるファウスト・コッピ

33：BSA パラトルーパー ………… 134
自転車の軍事利用

34：モールトン・スタンダード・マーク1・140
折りたたみ自転車

35：プジョー PX10 ………… 146
死の山

36：ウーゴ・デローザ ………… 152
エディ・メルクス

37：ブリーザー・シリーズ1 ……… 156
マウンテンバイク

38：ハロー ………… 162
バイシクルモトクロス（BMX）の流行

39：ロータス 108 ………… 166
スーパーバイク

40：コルナゴ ………… 170
タイムトライアル自転車

41：スコット・アディクト RC …… 174
カーボンフレーム

42：プロ・フィット・マドン ……… 176
ランス・アームストロング

43：ヴェリブ ………… 180
都市型レンタル自転車

44：サーヴェロ S 5 ………… 186
モダン・クラシック

45：ガゼル ………… 190
自転車の国オランダ

46：マドセン ………… 194
カーゴ自転車

47：スペシャライズド・ターマック SL3・200
未来の勝者

48：ピナレロ ………… 204
ウィギンスのマシン

49：リビー ………… 210
電動自転車

50：四角いホイール？ ………… 214
未来のデザイン

参考文献 ………… 218

索引 ………… 220

図版出典 ………… 224

はじめに

　18世紀末、ライフスタイルを劇的に変えるふたつの発明が生まれた。ひとつは蒸気機関車で、これにより人々は大陸を自由に移動できるようになり、物資の大量輸送も可能になった。もうひとつは世界初の実用的な自転車である。自転車は個人旅行に革命をもたらし、馬に頼る近・中距離移動は終わりを告げた。

　本書は、200年以上にわたって発展してきた自転車の物語を、進歩の土台となった50種からひも解いていく。物語は、木製の2輪の農業機械とほぼ変わらない初期の試作品からはじまる。

　本書では、初期の自転車にかんする論争も紹介する。自転車を悪魔の機械ととらえる者や、自転車で人や物を運ぶのは危険であり、通行人や乗り手の命を脅かすと指摘する者もいた。若い男女がいっしょに自転車で人目につかない場所に行くようになり、道徳の乱れを危惧する人もいた。とくに、女性が自転車に乗る際は、足の隠れるふんわりしたスカートではなく、もっと露出度の高い服を着るという事実に、保守的な人々は大きな衝撃を受けた。実際、自転車によって古いしきたりから解放されるとみなす女性は多く、そのため進歩的な考えの若い女性が大勢自転車に乗るようになった。社会が発展するにつれ、道路上の光景も変化したのだ。

　自転車が体力増進にも一役かったことはまちがいない。若い男性が伴侶を求めて遠方へ行くことも可能になり、やがて生まれてくるこどもの遺伝子の多様性も増した。

　自転車による小旅行で、人々の心も豊かになっただろう。19世紀の工場が建ちならぶ町から離れて、自転車で田舎を旅することが、少数派の特権ではなく大勢の人の娯楽になった。かつて自然界や母国の歴史に

黎明期には、さまざまなデザインの自転車が生まれた。勝利をおさめるのが2輪なのか3輪なのか、だれにもわからなかった。

図説自転車の歴史

カーボンファイバー技術の発達は、レース用自転車のデザインに革命をもたらした。

興味をもつのは、専門家や、馬や馬車をもてる富裕層だけだったが、庶民にもそれが許されるようになったのである。

　本書はまた、たえず進化する自転車デザインの魅力にも触れていく。スリム化したフレームはもちろん、それとともに変化した部品類も見逃せない。たとえば、当初は前輪を、のちに後輪を動かすために使われるペダルは画期的発明の一例だ。ペダル同様に重要なのが空気タイヤで、そのおかげで軽い拷問のようだったサイクリングが楽しい体験へと激変した。変速ギアの開発も、登坂を楽にした。

　こうした進化により、自転車はたんなる移動手段ではなくスポーツマシンとみなされるようにもなった。パリやロンドンで開かれた初期のレースでは、自転車を所有していない人々でさえ、自転車レース観戦に夢中になった。これがスポーツ競技の最高峰のひとつ、ツール・ド・フランスをはじめとするレースへと発展する。1時間の走行距離を競うアワーレコードやオリンピックの自転車競技も、自転車競技人口を押し上げる一助となった。

　驚くべきことに、自転車は新素材の試作実験の大きな受け皿にもなった。その好例がカーボンファイバーである。カーボンファイバーで軽量化したパワフルなマシンは、素朴な自転車のパフォーマンスを大きく向上させた。これにより、マウンテンバイキングやBMX（モトクロス）バイキングといった、大胆なサイクリングが生まれる。

　デザインはさらに斬新になり、電動自転車によって電力補助の可能性も広がり、自転車の進化は現在も変わらず続いている。だが、自転車の未来でもっとも興味深いのは、世界中の都市にどのように定着するかという点。近い将来、自転車の歴史を過不足なく述べるには、50ではなく数百の自転車が必要になるだろう。

1：自転車の原型
庶民の乗り物を求めて

　18世紀まで、陸上の移動手段は馬だけだった。そのため遠方への旅は、馬を所有できる富裕層だけの特権だった。庶民は、職場へも教会へも、そして女友だちに会うときも、歩いて移動したのである。その距離は途方もなく長かっただろう。中世の十字軍でも、戦士の大半は北ヨーロッパから聖地エルサレムへ歩きどおしで、生き残った者はまた歩いて帰還した。数世紀のあいだ、人を乗せて路上を移動してくれる機械、さらにいうなら、遠方まで運んでくれる機械の誕生を、人々は夢見ていたのである。

製作年：1779年

考案者：
　ブランシャール

製作地：
　パリ

　産業革命の初期、工業技術の進歩により蒸気動力の可能性が明らかになると、庶民に自由をもたらす新たな移動手段の夢がようやく現実味をおびてきた。

　自転車が登場すると、思わぬところで歴史に影響をあたえることになった。だれもが安価に、自由に移動できるようになっただけではなく、社会にさまざまな変化が生じたのだ。とりわけ、道路建設の質が飛躍的に向上した。自転車技術の発達で、人は空も飛べるようになった。というのも、人類初の動力飛行機をつくったライト兄弟は、オハイオ州デイトンで自転車店を営んでいたため、はじめての風洞装置の実験には自転車を使ったのである。世界初の飛行機は、自転車用の工具や材料を使って、自転車店の作業場でつくられたのだ。

自転車がヨーロッパ第1の移動手段の地位を馬から奪うには、長い時間がかかった。

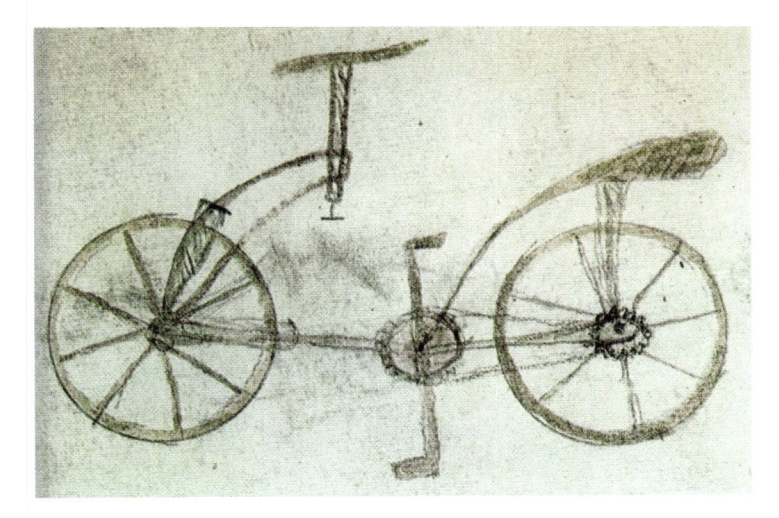

レオナルド・ダ・ヴィンチのスケッチもそうだが、はじめての自転車のデザインは、実用的な乗り物の設計図とよぶには曖昧で、空想的だった。

人力の乗り物を求めて

　その数世紀前から、自転車をつくろうという試みははじまっていた。古代エジプトの墳墓にも、自転車の原型らしき絵がみられる。自転車の原案がどこでどのように生まれたかは謎だが、ルネサンス時代の芸術家、ジャン・ジャコモ・カプロッティにまつわる逸話が残っている。レオナルド・ダ・ヴィンチの弟子だったカプロッティは、発想豊かな発明家でもあり、1493年に原始的な自転車のようなスケッチを描いたといわれている。だが、のちにハンス＝エアハルト・レッシングをはじめとする学者たちは、それは別人の作だと指摘している。一方、辞書編集者にして文献学者、かつダ・ヴィンチの作品の大家でもあるアウグスト・マリノーニ教授は、本物だと主張した。

　フランスの数学者、ジャック・オザナムも、人力で動く乗り物を夢見ていた。1696年の著書『数学と自然科学の再生（Recreations mathematiques et physiques）』のなかで、オザナムは「人が自分で運転し好きな場所へ行ける、馬を必要としない装置」の利点について述べ

徒歩より2輪

　自転車に乗ることで、新たな出会いが生まれて近親交配が回避され、田舎で働く若者の遺伝子プールに多様性が生まれた。都市部や近郊の家不足も軽減された。以前は不可能だった田舎からの遠距離通勤が、自転車のおかげで可能になったためだ。すぐに、自転車は徒歩の3倍効率的で、3〜4倍速いこともわかった。

「馬などの動物に引かせる必要のない旅行用の機械が完成したら、技術者は誇らしく勝利を宣言するだろう」

イギリス人ジャーナリスト
（1819年）

ている。そういう装置があれば、馬の世話をせずに道を自由に移動することができ、その過程を健康的な運動として楽しむこともできるというのだ。さらに、人が動かす乗り物には風も蒸気も不要であり、あらゆる動力のなかでもっとも豊富で入手しやすい力、すなわち人の意志力で動かすことができる、というのが彼の考えだった。

オザナンのこの示唆に刺激され、科学界や技術界は具体案を模索し、ほぼ2世紀後の初の自転車発明につながった。オザナンもみずから実用的なアイディアを出し、著書の口絵ページを飾っている。その巨大な4輪の乗り物は、ラ・ロシェル出身の医師、エリー・リシャールがオザナンの指示のもと設計した。リシャールの図面では、乗り手は前方にゆったり座り、2本の手綱で前の車軸をあやつっている。背後には使用人が立ち、後ろの車軸につながる2枚の板を交互に踏みこんで乗り物を前進させている。厚板はバネでロープ滑車の装置にとりつけられているので、一方が下がるともう一方が上がる仕組みだ。2枚の厚板が、後ろの車軸に固定された歯車を交互に動かして車軸を回転させ、それでホイールが回転する。駆動装置全体は、乗り物本体のなかにうまくおさめられている。

リシャールの乗り物は、技術的には疑わしいが、1世紀以上ものあいだ人力で動く乗り物の基準点とみなされ、その後、ヨーロッパ中でさまざまな乗り物が発明された。1744年、ロンドンの新聞がオヴェンデン氏なる人物の発明をとりあげ、「史上最高の発明」と絶賛している。そ

初期のサイクリングは重労働だったかもしれないが、馬車と同じように召使いをひとり同乗させることはできた。

図説自転車の歴史

れによるとこの驚くべき発明は、9.6キロメートルを1時間で移動でき、使用人たちが懸命に「特別な体力仕事」をすればそれ以上に速く動かせたらしい。平地に限定されず、「相当な勾配の丘」を登ることもできるが、「しっかりした面」であるという条件付きだった。これはおそらく、固く締まった路面状態のことだろう。

　フランス人もイギリス人に負けていなかった。フランス人発明家、ジャン＝ピエール・ブランシャールは、マシュー氏なる人物の手をかりて、同じような機械を考案した。1779年、ブランシャールは乗り物の完成を祝って召使いともども乗りこみ、パリのルイ15世広場（現コンコルド広場）で乗りまわした。すぐに人だかりができ、みな興奮気味にその驚くべき機械をひと目見ようとした。これに気をよくしたブランシャールは、ヴェルサイユまで19キロの旅に出た。おそらく、これが史上初の人力の乗り物による長距離旅行だろう。そのニュースに、フランスの新聞もパリの群衆と同じように熱狂した。ジャーナル・ド・パリ紙は、その乗り物は行く先々で歓迎されたと好意的な記事をのせ、この発明をもっと世間に広めるべきだと主張した。ブランシャールはそれにこたえて、シャンゼリゼ通りにほど近い庭に乗り物を常設展示した。悲しいことに、その熱狂はすぐに冷めたので、ブランシャールは別の利益の出る研究に打ちこみ、のちにフランス人気球乗りとして名を揚げた。

　ヨーロッパ、とくにフランスで実用的な自転車づくりが先行していた一方で、アメリカ人もこの分野に参入してきた。ブランシャールの偉業がニューヨークに届くと、それに刺激を受けたJ・ボルトンという無名の技術者が、1804年に4輪の乗り物を独自に開発した。この乗り物は最大6人乗れる設計だったらしいので、かなり大きかったに違いない。乗客はクッション張りの3つのベンチにゆったりと座り、ふたりの乗員が装置を操作する。乗員のひとりは前方に座って小さな前輪を操縦し、もうひとりは乗客たちの真ん中で後ろ向きに立っていた。この乗員が両手でレバーを回転させて、乗り物の両側の、端へいくにしたがって大きくなる互いにかみあった4つの巨大な歯車を動かした。端の歯車が直径約1.2メートルの後輪に直接つながり、それを回転させた。ボルトンは足ではなく腕を使ったギア駆動装置の原型を生みだしていたのである。とはいえ、最後の歯車は後輪と同じくらい大きく、乗り物自体もあまりに巨大で扱いにくかったので、実用的とはいえなかった。かくして乗りやすい形状の探求はその後も続いたのである。

ジャン＝ピエール・ブランシャールは熱心なフランス紙の助けを借りて、革命前夜のパリで、サイクリングという新興スポーツを流行に敏感な若者に浸透させようとつとめた。

2：ドライジーネ
フランス発の初期の2輪車

　18世紀後半、ヨーロッパの技術者と鍛冶職人は、人が自力で道路を走らせる乗り物をつくることにとりつかれていた。それがどんな姿形になるのかは、数十年のあいだ謎のままだった。最大の問題は、乗り物の基本的な形や構造だった。そういう機械は車輪が2つ必要なのか、3つなのか4つなのか、それ以上なのか？　どのように前進するのか？　クランクを使うのか、それとも足踏みペダルなのか？　もっとも重要なのは、馬同様のスピードが出ても、乗り手は安全なのかという点だった。

製作年：**1817年**

考案者：
　カール・フォン・ドライス

製作地：
　ウィーン

　当時、2輪の機械は、人力の乗り物としてもっとも可能性が低い選択肢とみなされていた。たしかに、不安定でバランスをとることがむずかしいので、そう思われるのもむりはないだろう。しかし、2輪の機械こそが人力の乗り物が選んだ道だったのである。

セレリフェール

　1791年のある日、数々の奇行で知られるパリの青年が、奇妙な機械に乗って公園を走りまわっていた。それは片足をのせて片足で地面を蹴るこども用のキックボードにそっくりだった。青年はその2輪の「馬」にまたがって足で地面を蹴り、ゆうゆうと進んでいた。見物人が気づいた唯一の問題は、舵とり装置がないことだった。

ドライジーネ。初期自転車の歴史においてもっとも重要な発明といっていいだろう。

初期の自転車は人気となり、特注のハンドルなど、多くのバリエーションがつくられた。しかし、ペダルがないという基本的な問題を、だれも解決できなかった。

　青年の正体はフランス人貴族、シヴラック伯爵。彼の乗り物は、正確な記録の残る史上初の自転車、セレリフェールだった。現代の自転車との相似点も多く、2つのホイール、本体のフレーム、そして運転者用のシートをそなえていた。シヴラック伯爵がこの機械を思いついたのは、レオナルド・ダ・ヴィンチの弟子、ジャン・ジャコモ・カプロッティの有名かつ議論の的となっている絵がきっかけだったらしい。全体が木製でどっしりとしたつくりで、前輪と、それより小さい後輪がついていた。まだまだ荒削りなので、ペダルやハンドルなど、現代の自転車のような部品は見あたらない。こうした制約のために、この自転車は一直線にしか進めなかった。左右に曲がるときは、そのつど乗り手が降り、車体をもちあげて、進みたい方向へ向きを変えなければならなかった。

　シヴラック伯爵がパリのブーローニュの森でこの発明品を乗りまわすたびに、人垣ができた。すぐにそれをまねたものをつくる人が出はじめ、流行に敏感なパリの若者はサイクリングに夢中になった。彼らは集まってはパレ・ロワイヤルの庭で真新しいセレリフェールに乗ったり、シャンゼリゼ通りで競争したりした。しかし、この新たな流行も長続きしなかった。多くの乗り手が落車でけがをしたり、方向転換のたびに重い機械を動かして股間を傷めたりしたためである。さらにこの初期のセレリフェールは非常に高価で、一般的な乗馬用の馬なみの費用がかかったのも一因だ。

2：ドライジーネ

走る機械

　セレリフェール初の大きな進歩は、1818年、カールスルーエ出身のドイツ人男爵、カール・フォン・ドライスがより進んだ自転車の特許を取得したときにはじまった。ドライスは1816年の不作により馬が餓死し、落胆したことがきっかけで、馬に代わる乗り物をつくろうとしたといわれている。ハイデルベルク大学では建築や農業、物理学を学び、タイプライターの試作品の製造もしていた。バーデンの林務官として生計を立てていたが、その職を離れてからは、自転車研究に没頭した。おそらく、森林調査に出るための方法を模索しているうちに夢中になったのだろう。

　じつはドライスがはじめて人力の乗り物をつくったのは、1813年のことだった。4人の乗客を運べる4輪の乗り物で、乗客の1～2人が両手両足を使ってクランク軸のハンドルを動かして動力を生み、3人目がハンドルを操作しておおざっぱな舵とりをした。しかしこの4輪車は普及せず、バーデンとオーストリアの特許事務局はドライスの特許申請を却下した。国際的な賛同を得ようと必死になったドライスは、1814年のウィーン会議にその機械をもちこむも事実上無視され、幻滅して故郷へ帰った。しかし非常に立ちなおりが早かったので、あきらめることなく、馬を使わない新たな形の乗り物の実験に戻った。その結果誕生したのが走る機械（Laufmaschine）である。これはのちに「ドライジーネ」あるいは「ベロシペード」とよばれるようになる。ドライジーネは2輪車で、両輪は同じ大きさだが、祖先のセレリフェール同様ペダルはなかった。当時の技術を考えると、この細身の乗り物の設計に限界があったの

ドイツでみずからの有名な発明品に乗るカール・フォン・ドライス。

は仕方がないことだ。鉄のタイヤ以外はほぼ木製で、馬車用の小さめのホイールがふたつ、縦にならんでいた。ホイールをつなぐ1本の主軸には、クッション付きのシートがひとつとりつけられていた。乗り手はほぼ直立姿勢でシートに座り、歩いたり走ったりするように、足で交互に地面を蹴って前進する。車体の前方には向きの変わる長い棒があり、乗り手はそれを使って前輪を操縦することができた。シートの前の腰の高さに小さなクッション張りの板が設置され、その上に腕や肘をのせて、機械が左右に倒れないように重心を移動して車体を支えた。全体の重さは約22.6キログラム、価格は4カロリンだった。

　ドライスがこの新しい乗り物にはじめて乗ったのは、マンハイム中心部から郊外の馬車宿までだったとされている。2回目はさらに意欲的で、ゲルンスバッハからバーデンバーデンまで、物見高い見物人のあいだをぬっての行程だった。この走る機械の功績が認められ、ドライスは男爵の地位をあたえられて機械工学の名誉教授に任命された。彼の発明品は一般市民の心もとらえたので、ドライスの評判はまたたくまに広まった。フランクフルトに招かれて講演したり走る機械の実演をしたりし、のちにフランスのパリやナンシーへもおもむいた。フランスでは彼の発明品は「ドライジーネ」とよばれるようになった。

　馬を使わない乗り物をついに発明したと確信したドライスは、世間に賞賛される自信もあった。案の定、複数の雑誌が彼の発明にかんする詳細な記事をのせ、他国の高官や権力者からも賛辞がよせられた。なかで

風変わりなドイツ人男爵、カール・フォン・ドライスは、初期の自転車の発展に貢献した。

歩行を加速する乗り物

　ドライスによると、走る機械（Laufmaschine）は歩きや走りの自然な動きを助け、スピードも出るが、体力はあまり消耗しないとのことだった。地面を蹴ると、機械に新たな速力がくわわるので、乗り手が足を動かしていないときも前進しつづける。ごくふつうの徒歩ではそうはいかない。当時の熱心な乗り手によると、「進まないときは地面を蹴り、進んでいるときは蹴らなかった」そうだ。このように、この機械の利点は、地面を蹴るたびに距離をかせぐことで、だいたいひと蹴りごとに3.5～4.5メートル進んだ。ごくふつうの歩幅の約2倍である。そのためドライスは、自分の発明した2輪の乗り物は歩行を「容易にする」だけではなく、「加速もする」と主張した。そして路面状況のよい道なら、最小限の力で1時間に8～9.5キロメートル移動できると発見した。一般的な徒歩の2倍の距離だ。ドライスが発見したように、機械が加速してある程度の速さに達すると、乗り手は機械が前進するにまかせて、安全に足を地面から離すことができた。

も有名なのは、ロシア皇帝アレクサンドル1世である。だがこの成功にもかかわらず、バーデンでもオーストリアでも、特許事務所は彼の特許申請をすぐさま却下した。ドライスと同郷のバーデン出身の審査官、ヨハン・トゥーラは、その乗り物にことさら厳しい評価をくだし、なんであれドライスが支持されることをかたくななまでにこばんだ。人間は神があたえた歩行という道具を使う以外、いかなる状況でも移動することはできない、というのがトゥーラの主張だった。

　ドライスは発明品に軍事的および商業的価値があることを示すために、カールスルーエからフランス国境までの道のりを、走る機械に乗ってわずか4時間で走破した。これなら戦場で通信文を短時間で運ぶことができる。従来の馬車を相手にいく度も競争し、走る機械のほうがいちじるしく速いことも証明した。その結果、走る機械の商業的価値が認められ、ドイツの地方都市の郵便局から数台の注文が入ったが、郵便配達人の靴が激しく傷むことが判明し、追加受注にはいたらなかった。

　ドライスは走る機械の製造工場をつくろうとしたが、結局失敗に終わり、やがて発明品も嘲笑されるようになった。風刺漫画家が題材にしてからかい、道で見かけた人々はあざ笑った。馬に乗ったイギリス人旅行者にドライス自身が乗った走る機械が衝突したときは、激しい口論がはじまり、なぐりあいのけんかになったらしい。

　しかし地元には、この風変わりな発明家を愛しつづける人もいた。たとえばカールスルーエの市庁舎の歩哨は、ドライスに走る機械に乗ったまま階段を降りるところを見せてもらい、お礼にビールをごちそうしたそうだ。1851年12月、ドライスは貧困と失意のなか他界したが、彼の

ドライスの乗り物の構造は、自転車より農具に似ていた。木製だったため、非常に重かった。この1820年のモデルは、サクラ材と軟材でできている。

初期の自転車の乗り手は、人々に愛されてきた伝統的な移動手段である馬に挑戦するなど傲慢だといわれ、ばかにされた。

発明品はほかの国々で生き残ることになる。フランスではルイ・ディヌールが、イギリスではジョンソンが、アメリカではクラークソンが、それぞれドライスの代理人となり、1819年に走る機械にもとづいた特許を取得していたためである。

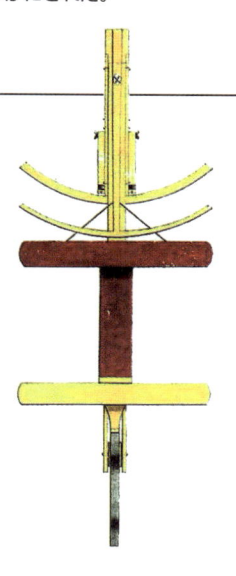

世間の嘲笑

ドライスはパリのリュクサンブール公園で、召使いを使って走る機械の実演をしたが、見物人が感嘆したようすはなかった。ジャーナル・ド・パリ紙は、こどもの足でもその乗り物に楽に追いつくことができたとの記事をのせた。別の見物人は、追い越そうとして機械にぶつかり、ボルトを壊してしまった。「ムッシュー・ドライスは、あちこちの靴修繕人に感謝されるだろう。靴が早くすり減る方法を発見したのだから」とおもしろがる者もいた。ディジョンでの実演でも、見物人の反応はかんばしくなかった。ボーヌでの評判はよかったが、地元紙は、その機械は固く締まった乾いた道でしかうまく乗れないと警告した。こうしたことがあっても、ドライスの代理人であるルイ・ディヌールはあきらめず、走る機械を商売にしてひと儲けしようとパリのモンソー公園で半時間ごとの時間貸しをはじめた。

2：ドライジーネ 17

3：ホビーホース
ダンディな若者の選択

　イギリス人、デニス・ジョンソンは、ドライスの機械をヨーロッパでもっともうまく育てた人物だ。ロンドンの車大工だったジョンソンは、その乗り物に「歩行者用2輪馬車」と名づけたが、すぐに「ダンディ」あるいは、こどもの玩具の木馬にちなんで「ホビーホース」とよばれるようになった。ジョンソンの特許申請書には、「歩行者の労力と疲労を軽減すると同時に、より速く移動することを可能にする機械」と自信満々に書かれている。やがてホビーホースは、流行に敏感な若者に人気となった。

製作年：1819年

考案者：
ジョンソン

製作地：
ロンドン

　ジョンソンが発明したホビーホースは、まぎれもなくドライスの走る機械を改良したものだが、それよりかなり優雅だった。全体は木製だが、ドライスの直線的なフレームとは違い、真ん中がくぼんで湾曲している。そのため乗り手のシート位置を高くしなくても、より大きなホイールが使えるようになった。重たい骨組みをハブで支えるために、ジョンソンはフロントフォークも、後輪の2本の支えも鉄製にした。これはドライスのどっしりした木製の部品にくわえられた、重要な改良だった。

しゃれた旅行方法

　1819年の夏、ジョンソンのマーケティング手腕と特許保護のおかげで、ホビーホースはロンドンの青年のあいだで大流行した。上流社会の若者に試乗してもらうために、1819年3月、ジョンソンはロンドンのロング・エーカー通りのみずからの工房近くにホビーホース学校を開いた。入学料は1シリングだった。簡単な講義を受けると、怖いもの知らずの生徒たちは大胆にもロンドンの通りへ走り出た。当時の道路事情を考えると、ホビーホースの乗り手がでこぼこの田舎道よりも舗装道路を好んだのもうなずける。ホビーホースの予想外の人気を受けて、ジョンソンは女性向けモデルを開発し、史上初の女性専用の乗り物にしようと思い立った。ホビーホースの商業的可能性にも気づいていたので、ジョンソンはドライスの例に学び、ホビーホースをロンドンの郵便配達人に試乗させる実験を行った。

　当時の新聞記事によると、ホビーホースは路面のいい道なら最高時速16キロに達したらしい。ロンドンの混雑する道では死亡事故につながりかねないので、当然ながら当局は、危険とみなしてすぐにホビーホースを禁止したが、これが冒険好きな若者をかえって魅了する結果となった。扇情的な宣伝が、危険な賭けも辞さない人々の心をつかむことを見せつけた好例だ。ホビーホースはまた、皮肉な記事が得意な新聞紙面にも思いがけない幸運をもたらした。ホビーホース

「歩行者の労力と疲労を軽減すると同時に、より速く移動することを可能にする機械」

デニス・ジョンソン
（1819年）

図説自転車の歴史

青年たちは自転車乗り方教室に参加しはじめた。そこでは、なごやかで上品な雰囲気のなか、最先端のスポーツを学ぶことができた。

人気を利用して、貴族階級の自分勝手な浪費をあてこすることができたからだ。こうした騒ぎをよそにジョンソンは、ホビーホースがより多くの人に受け入れられるように、計画作りに没頭していた。まずは地方へもホビーホースをもち出し、バーミンガムのストーク・ホテルやリヴァプールのコンサートホールといった場所でも実演した。それを見たジャーナリストは「熟練した者の手によるすばらしい動き」と賞賛した。

こうしてジョンソンは、1週間に20台のホビーホースを生産し、8ポンドという高値で販売するまでになった。興味深いのは、購入希望者の体重を量ったうえで、それに耐えうる強度をもたせつつ可能なかぎり軽量につくったことだ。それでも市場を独占するどころか、彼の成功に便乗しようとする模倣品に悩まされた。ジョンソンを賞賛する者はどんどん増え、ヨークの作家も世間の嘲笑をものともしないホビーホースの所有者をたたえて「彼らはホビーホースにまたがると、他人にどう思われるかなどおかまいなしに、そのすばらしい発明品に乗る喜びだけを胸にいだいて旅立つのだ」と述べた。だが新聞社は、2輪車が舗装道路を走るのは危険だと批判を続けた。ロバに乗った人とのスピード競争の開催が告げられると、多くの人は接戦になるだろうと考えた。実際は典型的なウサギとカメのようなレース結果となり、ホビーホースの乗り手が足に痛みを感じたために、レースも大詰めの16キロ近くでロバに追い抜かれた。ロンドンでは、乗り手がホビーホースをよく思わない人々に

追われ、身を守るために通りがかりの馬車の屋根にホビーホースを放り上げて中に身を隠す事件もあった。

　ホビーホースへの批判がさらに高まったのは、王立外科医師会が地獄の乗り物と称したためだ。2輪車に乗ることは、歩行者にとっても乗り手にとっても危険との見解で、ヘルニアや血管の破裂をまねき、事故による大けがもありうるというのがその理由だ。

　たしかに、ひいき目に見てもホビーホースは原始的で、乗り心地の悪い移動手段だったといわざるをえない。木と鉄のホイール、たわまないフレーム、当時の穴だらけの道とあいまって、乗り手の体に負担を強いた。乗り手はつねに地面を蹴り、道路に凹凸があるたびに重心を変えて車体を支えるので激しく疲労し、小さなけがもたえなかった。バランスをとりつつ前進するために、つねに足を使わなければならなかったので、乗り手の痛みは増すばかりだった。それでも当時としては、ホビーホースは予想外に速い移動手段だった。

アメリカ初のサイクリングの流行

　一方アメリカでは、1820年にW・K・クラークソンがみずから改良したベロシペードで特許を取得した。それは「スウィフトウォーカー」

舵とりの進歩

　ジョンソンは長年にわたりホビーホースの基本型を改良しつづけた。とくにこだわったのが、ハンドル機能をくわえることだった。そこで方向転換がしやすいように、従来の木の代わりに、より軽い金属を使ってフレームをつくった。新たに生まれた原始的なハンドルは、本体のフレームに垂直に設置された鉄の棒で、両端に木製のにぎりがついていた。金属の管が舵とりをする前輪の軸を支え、より正確に方向を定めることができた。ホイールの向きを変える際の摩擦もかなり軽減されたため、ハンドル操作で車体のバランスをとることも可能になった。これは自転車の根本にかかわる進歩で、現代の自転車も同じ原理だ。このおかげで、乗り手は地面から足を離しても倒れずに、舵とりをしつつバランスをとることができるようになったのである。

デニス・ジョンソンの時代のホビーホースは手のこんだつくりになり、ロンドンの流行に敏感な上流階級に愛された。

（速い歩行器）と名づけられ、ニューヨークの公園でよく見かけるようになった。しかしジョンソンのホビーホース同様、スウィフトウォーカーも議論をよび、ニューヨークでは新たな条例が制定された。徒歩より移動速度は増すものの、スウィフトウォーカーはまだまだ重く、とくに上り坂や路面の荒れた道では役に立たなかったので、人気も一過性でしかなかった。それでもクラークソンは乗り方教室を開いて、新たな所有者に乗り方のこつを教えた。何百人もの青年がクラークソンのスウィフトウォーカーを購入し、そこからアメリカ史上初のサイクリングの流行がはじまるのである。

> 「自転車は、人間にあたえられた科学の贈り物のなかでも上位に入る。自転車があれば、人間はみずからの弱い力を途方もない力で補うことができる。サドルに座ると、世界は人の言いなりの4つ足の動物でしかなくなる。鉄の馬に乗ることができるのに、なぜ自分の足で歩かなければならないのか？ しかもその鉄の馬は乗り手をよく理解し、投げ縄さえ必要ないのだ」
>
> サンフランシスコ・クロニクル紙
> （1879年1月25日）

　とはいえ、だれもがスウィフトウォーカーの価値を認めていたわけではない。あるアメリカ人ジャーナリストは、まったくなじまない他国の発想だとして相手にせず、「大西洋の向こうのナンセンスな人種は、どんなにばかばかしくてもものめずらしければ興奮するらしい」と嘆いた。ドイツでもそうだったが、アメリカでも歩行者がこの重い乗り物に腹をたてるようになった。操縦もろくにできないまま、公道を疾走するためだ。なかでも、ブレーキのないスウィフトウォーカーで丘を下ることは、乗り手にとっても見物人にとってももっとも危険な行為だった。産業界の団体は、新たな自転車を馬にかかわる商売の脅威とみなした。村を通過するスウィフトウォーカーをだれかれかまわず攻撃した蹄鉄工もいたらしい。こうした状況により、1820年代末にはクラークソンの2輪車はほとんど姿を消していた。

　ベロシペードは「人を馬車に変え」、以前は動物の仕事だった作業を乗り手にさせるようになった、という批評がある。イギリスのロマン派詩人、ジョン・キーツもベロシペードをただのものめずらしい発明品とかたづけたひとりで、「つまらないもの」と切りすてた。スウィフトウォーカーの利点を理解せず、「ボートに乗らずに、ボートをひっぱって運河を進むようなもの」とばかにする者もいれば、乗り物そのものよりも乗り手の方が問題だと考え、虚栄心の強い怠惰な遊び人とこきおろす者もいた。

　フィラデルフィアの懐疑論者の言葉はさらに厳しく、ベロシペードは「礼儀正しい人がレースをするための言い訳にすぎない」と非難している。彼が言うには、立派な紳士なら「気晴らしに1マイル走ったりしないし、そもそも人間はそのようには創られていない」らしい。そんなことをすればその土地の人々は当然驚き、「善人も窓辺に引き寄せられ、こどもたちは泥棒めと叫びながら列になって追いかける」ことになるからだ。だが、彼の結びの言葉は前向きだ。「人間の背中に車輪があったら、あるいは足になんらかの機械を持って生まれてきたら、最後の審判の日まで走りつづけるかもしれない。それならだれも邪魔をしないだろう」

3：ホビーホース

4：マクミラン型ペダル自転車
両足を地面から離して

　1840年代には、ホビーホースは流行遅れになっていた。重くて扱いにくいうえ、操縦もむずかしく、人の足以外の駆動手段もなかったためだ。自転車の発達には、新たな駆動装置の開発が不可欠だった。蒸気動力はすでに広く用いられていたが、小さな2輪車にはまったく不向きだ。飛躍的な前進があったのは、驚くべきことにスコットランドの片田舎だった。村の鍛冶職人カークパトリック・マクミランが、世界初のペダル式自転車をつくったのである。

製作年：1839年

考案者：
マクミラン

製作地：
ダンフリース

「マクミランは足で地面を蹴るという原始的な駆動方式にうんざりし、長年にわたる熱心な研究の結果、それに終止符を打つ方法を考案した」

ジェームズ・ジョンストン、
ギャロヴィディアン誌
（1899年）

　1899年、ギャロヴィディアン誌に掲載されたグラスゴー・サイクリングクラブのジェームズ・ジョンストンの報告によると、「マクミランは足で地面を蹴るという原始的な駆動方式にうんざりし、長年にわたる熱心な研究の結果、それに終止符を打つ方法を考案した」という。

　マクミランは友人の手をかりて、1年ほどで新型2輪車の原案を完成させ、1839年には満足のいく完成品をつくったとされている。敷地の外へ2輪車をもち出したとき、村人たちが集まってきて初走行を見物した。ひとりはこう記している。「乗り物を発進させるにあたり、駆動輪である後輪のクランクがかなりのスピードになるまでは、乗り物にまたがり足で地面を蹴って前進させるほうが楽なことをマクミランは発見した」。村人が驚きながら見守るなか、マクミランは足をペダルにのせて、でこぼこ道を滑るように進んでいったそうだ。

　より複雑な仕組みを模索した同世代人のアイディアに比較すると、マクミランのペダルは比較的単純だったが、非常に効率的だった。連続的駆動力をもつ改良型ホビーホースの誕生である。マクミランの2輪車は、木製の本体に、鉄製リムの木のホイールを装備していた。ある程度の操縦が可能な前輪は直径76センチ、後輪は直径102センチで、縦に一直線にならんでいた。ペダルはフレーム本体にとりつけられた棒の先にあり、それと後輪に伸びるシャフトが連結して車輪を動かす。最大の進歩は、乗り手が足で地面を蹴って前進するかわりに、このペダルを使う点だ。マクミランは初の人力による自転車を生んだのである。これは自転車の歴史にきざまれた重要な一歩であり、のちに変速機の開発にもつながった。

斬新な設計のベロシペード

　新たな2輪車の性能のよさを証明するために、マクミランはその可能性を徹底的に示そうとした。重量は27キロと、動かすにはまだ重かったが、マクミランはすぐに運転に自信をもち、スピードを増していった。新たな移動手段に乗って田舎道を疾走する姿から、「頭のおかしい男」とあだ名されたほどだ。まもなくマクミランは、北はダルヴィーン・パスにほど近いキャロンブリッジ、南はホリウッド、そしてダンフリースと、23キロほどの距離を1時間たらずで移動するようになった。

　1842年、マクミランはダンフリースからグラスゴーへ、113キロという途方もない距離のサイクリングに出発した。そこで教師をしている兄弟ふたりを訪ねる旅だったが、到着まで2日間かかった。ダンフリースへの帰路、マクミランは地元の馬車と競争したといわれている。田舎道を走る彼に声援を送る女性やこどもたちがいた一方で、彼が近づいてくるとあわてふためき、家の中に逃げこむ人もいたそうだ。畑にいた人々は作業そっちのけで道ばたにならび、この驚くべき乗り物に乗った男が飛ぶようにすぎ去るのを見守った。グラスゴーのはずれのゴーバルズ地区に近づいたとき、マクミランは事故を起こした。これが史上初の記録に残る自転車事故かもしれない。

　地元紙の記事によると、興奮した野次馬が「斬新なベロシペードに乗ったダンフリースの紳士」のまわりにおしよせたため、彼は運悪く少女に衝突してしまったらしい。少女のけがは軽かったが、翌日マクミランは警察裁判所へおもむき、5シリングの罰金を科された。しかし、ゴーバルズ裁判所の執政官はマクミランの乗り物に感銘を受け、中庭で8の字旋回を見せてもらった。その後執政官は、罰金のためのお金をそっとマクミランに手渡したといわれている。

残念なことに、カークパトリック・マクミランのベロシペードは現存しない。この実動レプリカは、自転車誕生150周年を記念して1990年につくられた。ドラムランリグ城のスコットランド・サイクル博物館自慢の収蔵品である。

4：マクミラン型ペダル自転車

5：ベロシペード

前輪駆動

　19世紀なかばの数十年間、未来の自転車の推進力は、マクミランの後輪駆動システムではなく、前輪駆動になっていくと思われていた。ひとつ確実だったのは、前輪駆動であれ後輪駆動であれ、ベロシペードがほかより抜きんでていたことだ。ベロシペードをはじめて製造販売した人物は、パリのピエール・ミショーである。だがその発明品を大西洋の向こうのアメリカへもちこんだのは、彼の同時代人であるピエール・ラルマンだった。ベロシペードは、アメリカでサイクリング熱をまきおこす。

製作年：**1860年代**

考案者：
ミショー

製作地：
パリ

　1861年、ふたりの息子エルネストとアンリとともに、乳母車や病人用の乗り物、3輪のベロシペードの製造をしていたピエール・ミショーの作業場に、2輪のベロシペードが修理にもちこまれた。その乗り物に魅せられたミショーは、今後は2輪が自転車の未来をになうと確信した。

ミショーのベロシペードを見ると、現代の自転車にようやく近づいたことがわかるが、いまだにペダル式の前輪駆動だった。

© www.sterbo-bike.cz

24　図説自転車の歴史

ミショーはこれを見本に、前輪にクランク軸とペダルのついた新たな乗り物をつくり、サイクリングの歴史を変えることになる。作業場で修理中のベロシペードを観察したピエールと14歳の息子エルネストは、もっとうまく走らせるアイディアを思いついた。古い石臼のクランクハンドルをベロシペードの前輪にとりつけ、足でクランクをまわしてホイールを回転させるように改造したのだ。錬鉄製のフレームは残したが、長い板バネを渡してその上にサドルを置いた。後輪には、ハンドルバーをまわしてひもをぴんと張ると作動するレバー式ブレーキパッドをとりつけた。

　ミショーとともに、この前輪駆動のベロシペード開発にたずさわったひとりが、ピエール・ラルマンだ。じつはラルマンはつねづね、最初に前輪駆動システムを開発したのはミショー一家ではなく自分だと主張していた。1843年、フランスのナンシー近郊で生まれたラルマンは、最初は乳母車職人に雇われていた。ある日、足で地面を蹴って進むベロシペードに乗っている人を見かけ、これがきっかけで、回転式クランク装置とペダルからなる変速機付きベロシペードを思いついたという。1863年にパリに移り住み、そこでオリヴィエ兄弟に出会った。オリヴィエ兄弟とは、自転車に商業的可能性があると考え、ミショーと協力して2輪のベロシペードの大量生産を計画していた人物だ。ミショーに雇われたラルマンは、ミショーの前輪駆動のヒントになったのは、自分が考えた前輪駆動の仕組みなのだと主張した。彼の

> 「ゆうべ、冒険的な人を見た。縦にならんだふたつのホイールと足こぎのクランクで進む奇妙なフレームにまたがって、公園を走っていた」
>
> ジャーナリスト
> （1866年）

鉄のフレーム

　ミショーの自転車デザインには、それまでなかったものがくわわった。上品さだ。技術的にもすぐれ、デザインも魅力的で、細部までこったサドル、ペダル、ライトブラケットを搭載していた。初の大量生産型自転車のひとつでもあった。ミショーは生産性を高めるために鋳鉄フレームを使ったので、数年後には一般的になる鉄製フレームへの道筋をつけたともいえる。不運にも、鋳鉄は非常に重く壊れやすいことがわかったので、その後の「ミショー」型は錬鉄フレームでつくられた。

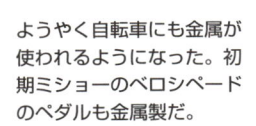

ようやく自転車にも金属が使われるようになった。初期ミショーのベロシペードのペダルも金属製だ。

5：ベロシペード

ベロシペードに乗るおしゃれな青年。あたりを見下ろしながらペダルを踏んで、スピードに乗る。

言葉を信じるならば、前輪駆動の自転車のコンセプトを生む重要な役割を果たしたのは、ピエール・ミショーではなく、ピエール・ラルマンだったことになる。ミショー一家はこれをきっぱりと否定したので、彼らの関係は根本からくずれた。ラルマンはフランスを去り、アメリカで運試しをしようと決意する。

ラルマンがアメリカへもちこんだベロシペード

　1865年7月、ピエール・ラルマンはアメリカに渡り、コネティカット州アンソニアに居をかまえた。アメリカにはホイールを1組と鉄のサドル、クランクホイールを持参していた。それらをもとに初の純アメリカ産自転車を製造し、「ヴェローチェ」と名づけた。

　ラルマンがアメリカに到着したときは、まさに好機だった。というのも、クラークソンのスウィフトウォーカーがすたれて久しく、新たに馬車づくり職人たちがつくりはじめた新型のベロシペードに人々が興味を見せたところだったのだ。東海岸の多くの町でベロシペードの乗り方教室が開かれたこともあり、人気に火がついた。ハーヴァードやイェール大学の学生のあいだでとくに人気が高かった。1866年の春、ラルマンが自宅からニューヘイヴンまで19キロの道のりをヴェローチェで走ったときのことを、ジャーナリストがこう記している。「ゆうべ、冒険的な人を見た。縦にならんだふたつのホイールと足のクランクで進む奇妙なフレームにまたがって、公園を走っていた」

　だが、流行ははじまったときと同じくらい唐突に終わり、1869年5

特許保留

　ラルマンは、考案した新型自転車の特許をすぐに申請した。自転車の特許としては、最初に申請されたひとつである。1866年4月、資金提供を受けていたニューヘイヴンのジェームズ・キャロルとともに、ラルマンはまっさきに、ペダル式自転車のアメリカ国内のみの特許申請を行った。その図面には、ロンドンのデニス・ジョンソンがつくったホビーホースにそっくりな2輪車が描かれている。ラルマンはその分野で僅差で有利な立場に立った。というのも1860年代終わりには、似たような申請書がニューヨーク、ボストン、ワシントンの特許事務所に大量に提出されたからである。

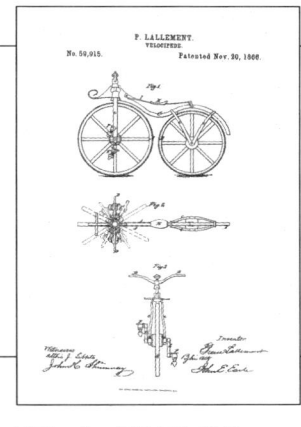

ピエール・ラルマンはミショーのベロシペードの設計図をたずさえてアメリカへ渡り、成功した。

　月末にはサイクリングはすたれていた。衰退の理由として、車体が一般の人々には重すぎて扱いにくかったことがあげられる。シートにはクッション性がなく、乗り手は前輪のペダルをこぎつつ、同じ前輪で操縦もしなければならなかった。ベロシペードに乗るには、一般的な男性の体力をはるかに上まわる力と運動能力が必要で、女性についてはいうにおよばずだったのだ。さらに、初期の自転車が登場したときのヨーロッパでもそうだったが、アメリカの地方当局者も歩道で2輪車に乗ることを禁止する条例を制定しはじめた。こうしてアメリカで誕生したばかりの自転車産業は萎縮し、その後10年間は新たな進展が見られなかった。

　自分の2輪車をアメリカの工場で生産してもらうこともかなわず、ラルマンは1868年に失意のままパリに戻った。おりもしもミショーの自転車がフランス初の流行を生んでいた時期で、その熱狂はヨーロッパ中へ、そしてアメリカへも広まった。皮肉なことにラルマンは、最悪のタイミングでアメリカを去ったのだ。その後3人組のアメリカ人曲芸師が各地の競技場で自転車競争を披露し、大勢の見物人が熱狂した。その反響の大きさを見たハンロン一家が、新たな自転車でアメリカ史上2番目の自転車の特許を取得した。

ヨーロッパで流行していたサイクリングは、すぐにアメリカでも流行し、若者が公園や通りで自転車の腕前を披露した。

6：ボーンシェイカー
過酷なサイクリング

　イギリスでは、ベロシペードに「ボーンシェイカー」（背骨がゆさぶられる乗り物）というあだ名がついた。当時のでこぼこ道で乗り手が感じる不快感がその理由だ。ボーンシェイカーの基本構造はホビーホースと変わらず、木製のホイール、金属のタイヤ、重たい車体のままだった。名前のとおり、乗り心地はきわめて悪かった。しかし、サドルを長い板バネで支えた結果、荒れた路面からの衝撃が多少吸収されたので、乗り心地もある程度改善された。

製作年：1865年

考案者：
　多数

製作地：
　パリ、ロンドン

　最初はだれひとりボーンシェイカーが気に入らなかったようだ。出はじめのころは酷評され、おまけに乗り手は道行く人にもばかにされた。パンチ誌をはじめとする雑誌に掲載された風刺漫画は、ボーンシェイカーがでこぼこ道を走っていると老女は恐がり動物は驚くという、やはり乗り手をからかう内容だった。問題は操縦のむずかしさだったが、舵とりも駆動も前輪で行わなければならないことが原因だ。ペダルを踏みこむたびに前輪がぐらついて進路をはずれるので、操縦にもかなりの力が必要だったのだ。

　ボーンシェイカーは平均重量27キロ、時速13キロで走行できたが、乗りこなすのは容易ではなかった。最初にまたがることさえひと苦労で、初期の手引き書には、押しながら走りサドルに飛び乗ると書かれていた。また、前輪が大きかったため、ペダル操作も忙しくなった。まっすぐ走らせるためには、ペダルを踏みこむと同時に、倒れそうになる前輪を支えなければならない。原始的なブレーキも問題だった。単純な金属レバーをひねってひもを引くと、木の板が後輪に押しつけられる仕組みだ。かん高い耳ざわりな音がするので、ボーンシェイカーが近づいていることがすぐにわかった。原始的な構造はほかにもある。たとえば、前輪の車軸は、青銅潤滑軸受の中を回転していた。そのため小さな潤滑油タンクを搭載した車種では、潤滑油を浸した羊毛を中に入れ、そこから油を軸受にそそいでスムーズな動きを保っていた。1869年には、初のボールベアリングが登場し、ボーンシェイカーでも採用される。前輪にはフリーホイール・ラチェットも搭載された。ボーンシェイカー最大の難点は、27キロもの重量と直径1メートルのホイールだった。そのためペダルを踏んで長距離移動をするには限界があった。

長距離移動

　欠点はあったものの、ボーンシェイカーに乗ると冒険気分を味わうことができ、通行人も徐々に乗り手を羨望のまなざしで見るようになった。イギリスではクラブが結成され、メンバーは長距離自転車旅行にも乗り気だった。ロンドンからスコットランド最北端のジョン・オ・グローツをめざそうという声もあったようだ。当時は社会が競争心に満ちていたので、すぐにクラブのメンバーも互いに競争をはじめた。記録上初のコンテストは、1868年、ロンドン近郊ヘンドンにあるウェルシュ・ハープ湖のほとりの草地で、聖霊降臨日翌日の月曜日に開催された。同年、フランスでも初のレースがパリ近郊のサン＝クルーで開かれた。この1200メートルの短距離レースで優勝したのはフランス在住のイギリス人、ジェームズ・ムーアだったため、フランス人選手を応援していた見物人は落胆した。

　翌年、さらに大がかりなレースがフランスで開催された。これはのちのツール・ド・フランスの原型とみなすこともできるだろう。ルートはパリからルーアンまで、距離は123キロにおよぶ。このレースの注目点は、100人という驚くべき数の参加者のなかに4人の女性がふくまれていたことだ。競技者はボーンシェイカーにかぎらず、ありとあ

「わたしが自転車で転ぶと、それを見ていた少年が、ぼくなら体に枕を巻きつけるよと言った」

マーク・トウェイン『自転車の乗り方（Taming the Bicycle）』（1917年）

ペダル駆動式の前輪

固い木製サドル

意外なことに、初期のボーンシェイカーはスポーツ用のマシンになった。フランス初の長距離レースが開催され、若者が競いあった。

らゆるタイプの自転車に乗っていた。なかには1輪車、トライシクル（3輪車）、クワドリサイクル（4輪車）まであったらしい。勝者はサン＝クルーの競技会と同じジェームズ・ムーアで、完走時間は11時間、平均時速は12キロだった。サイクリング熱はフランスで本格化し、パリの外へも広まった。ある自転車メーカーは、フランス南部だけで2000台も販売したそうだ。ボルドーで女性限定のレースが開催されたときは、数千人の見物人がおしよせた。とくに男性の見物人にとっては、必死にペダルをこぐ女性の脚を拝むことができる魅力的な催しだったに違いない。この女性限定レースの参加選手は4人で、ミス・ルイーズが最後の接戦を制して優勝した。

仲間にして、ライバル。競争が新興スポーツであるサイクリングの特徴となり、なかでもフランスでは顕著だった。

不運なことに、フランスのサイクリング熱は普仏戦争勃発とともに終わった。多くの自転車メーカーが武器製造に転向し、ボーンシェイカーの生産も中止された。戦争はイギリスの製造業者にも影響をあたえた。1868年末、フランス市場向けのボーンシェイカー400台を生産するために設立された、イギリスのコヴェントリー・マシニスト・カンパニーもそのひとつだ。コヴェントリーの地が選ばれたのは、腕のいい熟練工が大勢いて、品質のよい自転車を短期間でつくることが可能だったからだ。悲しいかな、その生産計画は白紙になった。多くのフランス人が祖国のために戦おうと自転車を納屋にしまいこんだためである。一方イギリスでは、戦争中にもかかわらず、ボーンシェイカー人気はおとろえなかった。

初期のサイクリング・ファッション

　ボーンシェイカーの人気が高まったのは、自転車に乗れることがイギリスやフランスの上流階級の青年に必要なたしなみとみられるようになったためだった。自転車を乗りこなすことは、乗馬やダンスと同じくらい重要視された。自転車そのものはもちろん、服装も重大問題だった。自転車が誕生したばかりのころは、船遊びやピクニックで使われる麦わら帽や山高帽をかぶったカジュアルな服装がよく見られた。1870年以降は変化が生じ、ポロ用キャップや縁なしの円形帽がおしゃれな乗り手のあいだで流行した。

　乗り手はスピードを満喫し、競争の楽しみにも目覚めたため、より速い自転車を求める声が高まった。ペダルで駆動する前輪はますます大きくなり（次世代の自転車の姿だ）、シートは前輪の上にかぶさるようにさらに前方に置かれ、大きな駆動力を生むようになった。ボーンシェイカーのバリエーションのひとつが、バーミンガムのボーデスリーのペイトン・アンド・ペイトンによる斬新な自転車だ。後輪駆動で、車体後方へ伸びるレバーの先に2枚のペダルがとりつけられている。そのレバーの中ほどが、短い棒で後輪車軸のクランクに接続していた。

　1868～1870年にかけて、さらなる進化が見られた。ペダルがフレーム本体にとりつけられ、乗り降りがとても楽になったのだ。ファントムというモデルは、ホイールリムとサスペンションにゴムを使い、ワイヤーリムも導入して車体の軽量化に成功した。こうして日夜改良がくわえられ進化したにもかかわらず、1870年にはボーンシェイカーの人気はかげりはじめていた。乗り手の興味は、古くさいボーンシェイカーから、誕生したばかりの新しいハイホイーラー自転車「オーディナリ」に移っていたのだ。ボーンシェイカーは最後まで、機械的に複雑で生産コストが高いという問題を克服することができなかった。その地位はいまや、試行錯誤中のほかの自転車や、初期のハイホイーラー自転車にとって代わられたのである。

7：アリエル
危険なペニー・ファージング

　ボーンシェイカーの時代は比較的短かった。自転車に注目が集まり、レース人気も高まったため、より速い自転車が求められるようになったのだ。多くの人は、駆動輪を大きくすればもっと速く走れることに気づいていた。ペダルで直接動かす前輪が大きければ大きいほど、スピードは増すという単純な理屈だ。こうしてオーディナリ、別名ペニー・ファージングが誕生した。大きな前輪とそれに比べてかなり小さな後輪が特徴で、その独特な姿は19世紀を代表する自転車デザインといえるだろう。

製作年：**1870年代**

考案者：
　スターレー

製作地：
　コヴェントリー

　1860年代のホイール技術は、20年前からほとんど進歩していなかったので、前輪を巨大化することは非常にむずかしかった。しかし1870年8月11日、ジェームズ・スターレーとウィリアム・ヒルマンがベロシペードのホイールとギア装置を改良して特許を取得した。その結果生まれたのが、より実用的なハイホイーラーの初期の一台、アリエルである。重量23キロ、価格は8ポンドで、労働者の年収8年分に相当した。宣伝文句は「もっとも軽く、もっとも頑丈で、もっとも上品な新型自転車」で、有名な自転車選手、ジェームズ・ムーアもまっさきに購入したそうだ。その後、ヘインズ・アンド・ジェフリーズ商会のライセンスで10年近く生産されつづけた。

高価だが、高性能。新型ハイホイーラー自転車は、スピードが出るようになったぶん、落車した際のけがのリスクも大きくなった。

特徴的な大きい前輪

前輪に比較して小さい後輪

スターレーのスポーク——すばらしい発明

　ジェームズ・スターレーは、産業革命の先頭を走っていた時代のイギリスを象徴する、独学で技術を身に着けた技術者だった。自転車史の研究家、アンドルー・リッチーは、スターレーを「自転車技術の歴史上、もっとも精力的で創造性あふれる天才」と称している。スターレーのおかげで、イギリスは80年ものあいだ自転車技術の先駆者となることができ、スターレーは自転車産業界の父と賞賛された。スターレーの自転車には、センターステアリング・ヘッドなど、画期的な特徴がみられる。なかでも重要なのは頑丈なホイールで、その設計原理は現在の自転車にも使われている。ホビーホースやボーンシェイカーの木製ホイールは、人が乗るとその重みでたわむが、アリエルのホイールはワイヤスポークのおかげでつねに張力が働いていた。ワイヤスポークがリムをハブ方向へひっぱるのでたわみが小さくなり、より大きく、じょうぶで軽いホイールが実現した。

　スポークは2本1組で、一方の端はリムの内側のループに通され、反対側はハブフランジにひっかけられる。フランジは、ハブから左右につき出た2本の金属レバーにしっかり固定され、そこからぴんと張ったスポークがリムまで伸びる。スポークの張りを調整する際は、レバーでハブをひねるとすべてのスポークが強く張られる仕組みだ。すべてのスポークが正確に同じ長さであれば、ホイールは歪むことなく真円形を保つのである。

　スターレーはスポーク技術の実験を重ね、1874年、その努力が「タンジェント組みスポーク・ホイール」となって実を結んだ。これがジェームズ・スターレー最大の功績である。タンジェント組みスポークは、ワイヤーの張力を利用したスポークと同じ耐荷重性の原理を用いているが、スポークを交差させてホイールを補強しているため、ペダルをこぐ力がより効率的にリムへと伝わる。スポーク1本1本がハブから接線方向に張られ、隣接するスポークはほぼ正反対の方向に曲がり、互いにバランスをとっている。このスポークのおかげでホイールの強度も増した。各スポークは個別にテンションをかけることができるので、ホイールの整備も容易だった。スターレーのこうした技術革新により、1874年以降は、ほぼすべての自転車のホイールがタンジェントスポーク方式で製造された。その後はオートバイや自動車、飛行機などでも使われることになる。今日にいたるまで、タンジェント組みスポークは、もっとも信頼できる自転車ホイール製造法とみなされている。

　新デザインのアリエルが好評だったので、市場に出てから数年で、イギリスではアリエルのようなオーディナリ型の製造会社が20社以上になった。その後もオリジナル・モデルにさらに改良がくわえられていった。ホイール技術にかんしては、ウィリアム・グラウトがリムにゆるくリベット留めしたニップルにスポークを通すラジアル組みスポークで特許を取得した。

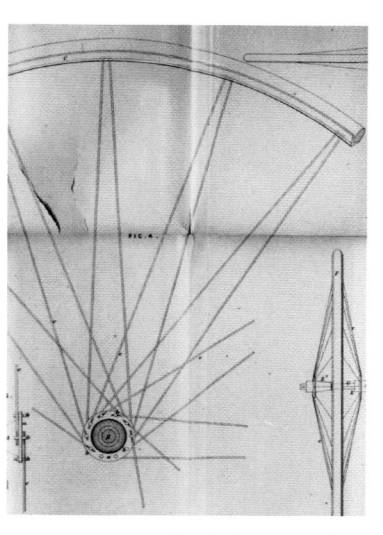

スポークはもっとも単純にして効果的な発明で、自転車の乗り心地を飛躍的に向上させた。

ウジェーヌ・マイヤーのホイール

　自転車設計を牽引していたのはイギリスだったが、フランスもホイール製作技術の向上をめざし、結果を出していた。なかでもウジェーヌ・マイヤーのホイールは、イギリスのホイールに匹敵する技術だった。国際自転車歴史会議では、オーディナリの真の発明家はマイヤーであると認定している。マイヤーのデザインでは、スポークはリムへ向かって張られ、テンション調整は放射状にならんだ小さなナットを使ってハブフランジで行った。不運なことに、マイヤーは特許申請の前にホイールを1対売っていたため、申請は無効とされた。

大きな前輪と小さな後輪が特徴の標準的なオーディナリ。またがるだけでひと苦労だった。

　そして1874年、スポークがハブフランジに接線状にとりつけられるタンジェント組みホイールを考案して、スターレーも市場競争に戻ってくる。これにより、駆動力に負けない強度と安定性がホイールにそなわった。ハブフランジに車軸にそって大きな穴を開け、そこに短い棒を通し、棒の両端に空けた穴でスポークを受ける仕組みだ。ハブから放射状にスポークが伸びるラジアル組みに対し、タンジェント組みはハブから接線状にスポークが伸び、スポークとスポークがほぼ直角に交差する。これにより、ハブフランジに直接ねじ留めする場合よりも、折れたスポークの交換がはるかに容易になった。そのためか、突然スポーク数の多い自転車が大人気になった。たとえばサリー・マシニスト・カンパニーは、スポーク数300本の自転車を宣伝したが、これでは137センチのホイールに約12ミリ間隔でスポークがならぶ計算だ。いずれリムから穴がはみだしてしまいそうである。このようにホイールには工夫がこらされたが、タイヤはあいかわらずで、いまだに固形ゴムが両輪にはめこまれた形状のままだった。

自転車製造業の誕生

　アリエルをはじめとする初期オーディナリ型が成功したので、とくにイギリスでは、異分野の製造業者も自転車市場に参入してきた。自転車製造はいまや、鍛冶職人の手慰みではなくなり、ビジネスとして成立するようになったのだ。大規模工場が建設され、ハイホイーラーがアメリカをはじめ、世界中に輸出された。コヴェントリー・マシニスト・カンパニーもそうした製造業者のひとつで、同社の「スパイダー」は最高傑作との呼び声が高い。スパイダーは典型的なツーリング用自転車で、高い性能と機能美をかねそなえ、本体は断面がフットボール形の鉄製フレームだった。さらに、軽量化のためにホイールリムにいたるまで、あらゆる部品が中空だった。

　1885年、スパイダーに対抗して生みだされたのが、ローバーである。考案者はジェームズ・スターレーの甥、ジョン・ケンプ・スターレーだ。

名品とのほまれ高いローバーは、今日の自転車の主たる特徴をすでにそなえていた。重量は 23 キロ、前輪が巨大なハイホイーラーとは違い、両輪とも中程度の大きさで、チェーンとスプロケットによってペダルの力が後輪に伝わる仕組みだった。両輪を結ぶ三角形のフレームは、のちにダイヤモンド・フレームと名づけられる。ローバーの抜群の安全性とスピードは、オーディナリをはるかにしのいでいたため、ハイホイーラーが完全にすたれるきっかけともなった。こうして現代的な自転車の時代が幕を開けるのである。

しかし、当面はハイホイーラーのほうが優位を保っていた。チューブ状のフレームが開発され、より軽い車体がつくれるようになったためである。この新技術は高くついたので、オーディナリの価格も高いままだった。そのためサイクリングは資金的にも時間的にも余裕がある有閑階級の若者の特権でありつづけた。ジェームズ・スターレーはそんな現状を打開するために、労働者階級はむりでも、せめて中流下層階級へ自身の自転車を広げようと宣伝に努めたのである。

横乗りでサイクリング

ジェームズ・スターレーは女性向けアリエルも開発した。くるぶしまでの長いスカートをはいたまま乗れるように、横向きに乗るスタイルが特徴だった。そのため両輪のならびは一直線ではなく、ペダルは 2 枚とも前輪の同じ側についていた。ハンドルバーは、横乗りでもにぎりやすいように、一方が短く反対側が長かった。後輪は、従来のようにフォークで固定するのではなく、張り出した固定軸にとりつけられていた。なお、横乗りによる偏りを修正するため、前輪の軌道と後輪の軌道はずれている。

仲よくサイクリング。いまや自転車は紳士淑女のたしなみだった。当時の習慣に従い、女性は横乗りをしている。

7：アリエル　35

軽く速いマシン

　ハイホイーラーが発明されると、筒形のフレーム構造が登場し、車体の軽量化が進んだ。1880年代なかばまで、約45キロのハイホイーラーがトラックレースに使われていた。ちなみに当時のイギリスではロードレースは違法だった。1889年にハリー・ジェームズが世に出したオーディナリは、かなり軽量の25キロだった。また、オーディナリのスピードも当時としてはなみはずれていた。ペダルを踏むたびに巨大な前輪が1回転し、1度に3.556メートルも前進する。登坂は非常にむずかしかったが、平坦な道では超高速を保証した。

危険なレースの時代

　このように自転車の製法が改良された時代も、人々はスピードの出るオーディナリで長距離走行をめざしていた。1880年代の全盛期には、富裕層の青年たちのあいだで大人気を博した。調節可能なクランクなど、さまざまな新機能のおかげで、平均的なオーディナリでもスピード記録を出すことができた。その結果、現在も人気の高い自転車競技も誕生した。1時間で走れる距離を競う「アワーレコード」だ。もっとも古いアワーレコードの記録は1876年、ケンブリッジ大学の運動場でハイホイーラーに乗ったイギリスのフランク・ドッズが樹立した、25.506キロである。

　このようにオーディナリは非常に速く、姿も優雅だったため、熱狂的な乗り手も多かったが、驚くほど危険でもあった。高い重心と前方に設置されたサドルのせいで、乗り降りはもちろん、走らせること自体が非常にむずかしかったのだ。大きな前輪はつねに不安定なので、小石を踏んだりわだちにはまったりすると車体全体が前輪を軸に逆立ちするようにつんのめった。こうなると、乗り手はハンドルバーの下に脚をはさまれるだけならいいほうで、前方へ投げだされ、頭から地面に落ちることもあった。あまりにひんぱんにこういうことが起こるので、「真っ逆さまに落ちる」（taking a header）という言い方まで生まれた。

　それでも怖いもの知らずの若者はそうした危険もかえりみず、道で出くわすとその場でレースをはじめた。とはいえ、多くの人は自分の走りに責任をもち、続々と誕生するサイクリング・クラブに所属した。1876年には、ロンドンだけで64、地方にも125のクラブが存在したそうだ。クラブの会合では、会員が技術的な情報交換をしつつ、クラブの催しも楽しんだ。だがやはりクラブのいちばんの魅力は、レースに参加したり、観戦したりすることだ。1880年代はあちらこちらにレース会場が新設され、大勢の観客をよびこんだ。ロンドンのハーン・ヒルや水晶宮などのレース場はその一例だ。一般的なトラックは1周4分の1マイル（約400メートル）で、レース用

> 「オーディナリは最先端の自転車として生き残るだろう」
>
> バイシクル・ワールド
> （1881年）

に灰や薪の燃えかすをまいて整えられていた。会場には都会的なバーなどもあり、大きな会場では観客席も設けられた。

　こうしてクラブが盛んになるにつれて、さらに速い自転車が求められるようになった。これを受けて製造会社は、道路を走ることを前提とした従来の自転車よりも軽量で、スピードの出るレーシング・モデルを開発した。このような新型車の発表は、毎年恒例のイベントとなっていた自転車展示会の目玉になった。この時期は自転車人気の絶頂期のひとつであり、ハイホイーラーの人気は1880年代末まで続いた。1870年代後半には別のタイプの自転車も出はじめていたが、どれも人気は出なかった。しかし、1885年1月、チェーンで後輪を動かすローバー安全型自転車がはじめて登場し、新たな時代の到来を告げたのである。

混乱を残して去っていくハイホイーラー自転車。人気はあったが、物議もかもした。

8：ローバー

安全型自転車

　オーディナリ型自転車が存在感を放っていた時代も、新しいコンセプトの必要性はつねに意識されていた。怖いもの知らずの若者しか乗れない危険なハイホイーラーから、安全で乗り心地もよく、日常の移動手段としてだれでも使える自転車への転換が求められていたのだ。年々ハイホイーラーの危険性が目につくようになると、バイシクリング・ワールド誌は「この国には安全な自転車が必要だ。それがないばかりに、サイクリングというスポーツへの挑戦をためらっている人が大勢いる」と主張した。

製作年：1876年

考案者：
スターレー

製作地：
コヴェントリー

　ハイホイーラーのデザインに限界を感じていた製造メーカーは、自転車の基本設計の見なおしに着手した。最初に「安全型」自転車の製造に取り組んだのは、イギリス人技術者、ヘンリー・ローソンで、1876年のことである。この自転車が、現在みられる安全な自転車への第一歩になった。これまでどおり前輪は後輪より大きいままだったが、オーディナリ型ほど極端な差はなく、前輪が低くなったために安全性が高まった。サドルにまたがっても足が地面にとどくので、危険な場面に出くわしても楽に止まれるようになったのだ。オーディナリとの根本的な違いは、ペダルをこぐと前輪ではなく後輪が動く点だ。乗り手は猛スピードで回転する前輪から足を遠ざけておけるので、まきこみなどの危険が減った。もっとも、ローソンが考案したものは、ペダルよりむしろ踏み板に近かった。もうひとつの特徴は、後輪を駆動するチェーンだ。それまでトライシクルでしか使われたことのないチェーンを自転車で採用したのは、画期的だった。

　自転車関連誌はローソンの発明を賞賛し、なかでもサイクリング誌は「車体が低く、ポニーにまたがるように脚をあげて乗ることができ、走り出しも容易だ。好きなスピードでゆっくりと安定した状態で進めるし、ハイホイーラーなら降りざるをえない混雑した道でも走らせることができる」と評価した。しかし、ローソンの安全型自転車はあまり売れなかった。おそらく高価だったのと、車体が重かったこと、ハイホイーラーに比較すると構造が複雑だったことが原因だろう。売り上げはかんばしくなかったが、ローソンは生産を続け、1879年には「ビシクレット」と名づけた改良型の特許を取得した。ビシクレットは、ペダルで直接ホイールを駆動させるのではなく、それまでトライシクルでしか使われていなかったチェーンとそれにかみあうスプロケットを採用していた。ペダルは回転式で、後輪も小さくなった。しかしビシクレットも、安全型自転車と同じく売れ行きは悪かった。そのためほかの製造業者は、今後流行するのは低重心の安全型ではなく、ハイホイーラーの改良型だろうと考えた。

はじめて成功した安全型自転車

　転換期が訪れたのは1885年、ジョン・ケンプ・スターレーがローバーを製作したときだ。スターレーはかねてから「乗り手と地面のあいだに適度な距離を保ち、(中略)ペダルとのかねあいでサドルを置き、(中略)ハンドルをシートの位置によって決めれば、乗り手は最小限の力で最大のパワーをペダルに伝えられる」と考えていた。これを実現したのが、かの有名なローバーなのである。スターレーの安全型自転車の初期モデルが世に出たとき、彼の会社であるコヴェントリーのスターレー・アンド・サットン・オヴ・メテオ・ワークスは、いまだにトライシクルを製造していた。最初のローバー安全型自転車は、前輪が91センチ、ホイールを固定するのも斜めのフォークではなくまっすぐな棒で、完璧にはほど遠かった。だがスターレーは友人のウィリアム・サットンの手をかりて改良を続け、1885年に2代目のローバーを完成させた。今度のモデルは前後輪がほぼ同じ大きさで、決定的な違いは、前輪を支えるフォークでステアリングできる点だ。この新型モデルは、イギリスで毎年開催される大規模なスタンリー自転車展示会に出品され、1885年2月、テムズ川河畔の大天幕会場で披露された。

　乗り手が自由に動くことができるという理由でローバーと名づけられたこの自転車は、安全型自転車としてははじめて商業的に成功した。

> 「ローバー。操縦は簡単で、安全性は保証付き、砂利道でも楽々と進める」
>
> フランスの批評家
> (1885年)

快適に乗れるサドル

サイズ差が小さくなった前輪と後輪

安全型自転車は、乗り心地と安全性が劇的に向上した。

デザインの特徴は、乗り手が車体の低い位置に座ることと、前後輪の大きさが同じことだ。ペダル側の大きなスプロケット（チェーンリング）と後輪側の小さなスプロケットにチェーンをかけるチェーン駆動式で、これによりペダルの改良も進んだ。さらにホイールの小型化も可能になり、直接ペダルがとりつけられたハイホイーラーの巨大な前輪は姿を消した。小さなホイールは乗り心地が悪く乗り手の負担が大きいが、従来の固形ゴムのタイヤに代わる空気タイヤが誕生すると、この問題も解消される。

現代的な自転車

ローバーはハイホイーラーより重量もあり高価だったが、当時よく売れていたトライシクルよりは軽く安価だった。初期のモデルは、ハンドルバーとは別のレバーで操縦していたが、のちにハンドルバーで直接ステアリングできるようになると、ローバーはたちまちヒットした。1885年の登場後すぐに、市場には数種類の安全型自転車が出まわるようになった。レバーによる前輪駆動式が7種、ギア式の前輪駆動式が44種で、チェーンによる後輪駆動式はわずか9種だった。どれもそれまでのハイホイーラーよりはるかに安全で、ハンドルバー越しに「真っ逆さまに落ちる」危険性はかなり小さくなった。しかもブレーキの効きもよくなったので、以前は大胆な若者の特権だったサイクリングが、いまはチャレンジ精神旺盛な若い女性にもできるスポーツになった。

1888年には、スターレーのローバーは現在の自転車と比較しても遜色ないほどに進化していた。前後輪は同じサイズで、現代のマウンテンバイクと同じ66センチだった。フレームはダイヤモンド・フレーム、サドル下に設置されたペダルからチェーンとギアに力を伝動して後輪を動かす。フォークに支えられる前輪は、ハンドルバーの動きと連動して

ローバーの誕生で、自転車レースがより速度を増し、ヨーロッパとアメリカの観客をとりこにした。

ローバーの路上試験

ローバー安全型自転車が誕生した直後は、オーディナリのほうが速いと考えられていた。高いサドルに座ったハイホイーラーの乗り手は、物理的にも比喩的にもローバーを見下ろしていたのだ。安全型自転車を定着させるために、1885年9月25日、スターレーはレースを開催した。コースはピーターバラ近郊ノーマンクロスからバークシャーのトワイフォードまで、マカダム舗装をほどこしたグレート・ノースロードの1マイル（約1.6キロ）を使って行われた。参加選手は総勢14名、商店などの業務用もあればレース仕様に改造されたものもあったが、全員がローバーで走った。この宣伝用の100マイル（160キロ）レースの優勝者は過去の記録を破り、わずか7時間5分でゴールした。

安全型自転車か、定評のあるハイホイーラーか。この選択が、自転車の歴史を一変させた。

いた。こうした仕組みは現代の自転車でも使われている。

　やがてスターレーの新型自転車にゴムの空気タイヤが装備されると、固いゴムタイヤによる振動と痛みで苦しい思いをする時代は終わりを告げ、安全で楽しいサイクリングがはじまった。さらに、製造技術の発達により、価格も下がりつづけた。1890年代後半、スターレーは社名をローバー・サイクル・カンパニーに改め、スターレーの死後はローバーのブランド名で自動車を製造販売するようになる。現在世界中で自転車が手に入りサイクリング人気が根づいているのは、19世紀末のジョン・ケンプ・スターレーの功績によるところが大きいと、多くの自転車研究家が考えている。ローバー安全型自転車は、自転車だけではなく世界を変えたのだ。1885年以降、何十億台もの自転車が製造されてきたが、どれもさかのぼれば草分け的存在の原型モデルにたどりつく。それはかの有名なコヴェントリー郊外のロンドン街道でくりかえし路上試験をされた1台だったのである。

スターレーは自社の自転車を売りこむために、広告を活用した。

8：ローバー　41

9：ファシル
ドワーフ・オーディナリ

　オーディナリから安全型自転車へ徐々に移行していた時代、オーディナリのように前輪ハブ部分に直結するクランクペダルではなく、レバーで駆動するタイプの自転車が一時的に出現した。こうした過渡期の自転車はハイホイーラーほど前輪が大きくないため、一般的に「ドワーフ」（小型）とよばれている。サドルがずっと後方にあり、乗り降りも安全で簡単だった。

製作年：1869年

考案者：
　ビール・アンド・ストロー

製作地：
　ロンドン

　人気になったドワーフは3種で、そのうちの1台がファシルだ。1869年、イギリスでジョン・ビール・アンド・ストローが特許を取得し、1881～1890年にかけてロンドンのエリス・アンド・カンパニーが製造した。ハイホイーラーから安全型へ発展する過程で、ファシルは重要な一歩となる。ホイールは前後輪がより近い大きさでチェーン式後輪駆動、なおかつハイホイーラーなみのスピードが出た。ペダルには延長レバーが接続していたが、回転させるというより「上下させる」動きに近かったため、登坂は楽になったものの操作には慣れも必要だったようだ。とはいえスピードは折り紙付きだったので、製造業者主催のロードレースや耐久レース、ヒルクライムレースでは勝利を重ねた。もっとも重要なのは、13～18ポンドという手頃な価格だったため、中産階級でも入手できたことである。

前後輪がより近い大きさで、サドルが前輪の後ろへ移動して重心が低くなったファシルは、オーディナリより安全に乗ることができた。

ファシルのサドルはフロントフォークより後方にあったため、オーディナリよりも安全かつ簡単に乗ることができた。年配の乗り手がサイクリングというスポーツにはじめて挑戦できるようになったのも、この乗車位置のおかげである。広告でも、60歳を優に超えた乗り手もいると誇らしげにうたっていたが、おおげさな惹句というわけでもなかったようだ。たとえば1888年1月のサイクリスト・ツーリング・クラブ紙では、70歳代の寄稿者がファシルをほめそやしている。彼は前輪が106センチのファシルを6年以上前に購入し、「毎年数千マイル、楽しみながら走ってきた。年齢は70歳代だが、自転車に乗ってできたあざやかすり傷はひとつもない」とのことだった。

　メーカー側は、ファシルのスピードを印象づけようとした。それで人気が高まり、サウス・ロンドンにはファシルのオーナー限定のクラブができたほどだった。エリス・アンド・カンパニーはクラブのスピードレースをたびたび主催し、耐久レースでもファシルを宣伝した。24時間レースでは、ウィンチェスターのW・スヌークが345キロの記録で優勝している。1884年に開かれたランズエンドからジョン・オ・グローツまで1487キロにおよぶグレートブリテン島縦断レースでは、ジョーゼフ・アダムズが1880年の記録を半分に縮める7日間で走りきった。

> 「ファシルは、できるだけ高い場所にいたいと思う人の心はとらえられないかもしれない」
>
> バイシクリング・ワールド
> （1883年）

内装変速機付きのファシルは、意外にもモダンな外観だ。

内装ギアの前輪駆動式ファシル

　最初のファシルで成功をおさめたあと、エリス・アンド・カンパニーは高ギア比の新型ファシルをつくり、「ギアド・ファシル」と名づけた。さらにその後「内装ギア式前輪駆動ファシル」を製造した。この前輪駆動式は、クリプト・サイクル社が開発した遊星歯車装置を用い、1885年には新登場の空気タイヤも装着した。こうした改良が功を奏し、1885年に後輪駆動の安全型自転車が誕生しても、ファシルはしばらく生き残ることができた。

カンガルー。ドワーフ・オーディナリと安全型自転車の長所をあわせもち、人気を博した。

カンガルー

過渡期に人気を博した2つめのドワーフが、カンガルーだ。1884〜1887年にかけて、イギリスはコヴェントリーのプレミア・バイシクル・カンパニーのヒルマン、ハーバート、クーパーが製造した。自転車にかんする文献によると、カンガルーはオーディナリ型ドワーフでもあり、安全型ドワーフでもあるようだ。カンガルーの人気の源は、オーディナリの前後輪のサイズ差を小さくし、前輪を短いチェーン1本ではなく2本で駆動させたことによる乗りやすさだろう。その結果、クランクペダルの進化とあいまって、オーディナリ型よりもペダルひとこぎでかせげる距離と速度が増したのだ。

カンガルーは登場するやいなや自転車ファンを魅了し、1週間で100台以上が売れた。この大成功を受けて、当時のほぼすべての製造業者が似たようなタイプを販売しようとしたほどだ。カンガルーは従来のハイホイーラーよりも乗り降りが楽だったので、この安全性が重要視され、広告では「トライシクルより安全で、従来の自転車より速い」と強調された。同時に、ファシルのようにスピードの出る自転車としても売りこまれた。実際、数々のレースで勝利をおさめ、1884年には100マイルレースの新記録を樹立している。これによりカンガルーのスポーツ用自転車のイメージが強まった。紙上でも好評で、1884年11月のサイクリスト・ツーリング・クラブ紙では、カンガルーは「しっかりした信頼できる乗り物なので、とくにオーディナリは危険だと考えて躊躇していた人々のあいだでは今後人気が高まりそうだ」と評した。サイクリスト誌は、カ

ンガルー・ハントという新たなゲームが人気になっているとの記事を掲載した。鬼ごっこのように、カンガルーの乗り手がひとり先に逃げはじめ、それから遅れること4分、ほかの乗り手が追いかけるゲームだ。

エクストラオーディナリ
　3台目のドワーフは、コヴェントリーのシンガー・アンド・カンパニーのエクストラオーディナリである。スピードよりも安全性を重視した設計だったためか、売れ行きがよかった。ファシルのようにレバー駆動だったが、回転軸はハンドル直下にあった。フロントフォークは前方へせり出しているため、サドルがかなり後方になり、高い安全性を確保した。これもまたファシルと同じく、アメリカへ大量に輸出されたが、アメリカ国内でアメリカンスターというドワーフ型の製造がはじまるとアメリカでの売り上げは減少した。アメリカンスターはイギリス製自転車のホイールを入れ替えて、小さいホイールを前輪に、大きいホイールを後輪の駆動輪にしていた。ペダルには延長レバーをつけてサドルを車体の中央近くに設置していたが、スタート時の加速のためにレバーを同時に踏みこむことができた。アメリカではほかにもこのようなレバーで動く自転車が登場しはじめ、なかでも有名なのが1885年にシカゴのゴーマリー・アンド・テフニーが製造したアメリカンセーフティである。

　1880年代初頭には、オーディナリとドワーフのデザインの可能性は限界に達していた。自転車の未来は、ドワーフの異種ではなく安全型に託された。それは自転車市場を牽引し、新たな流行をまきおこし、さらに多くの社会階級をサイクリングへ駆り立てることになる。

エクストラオーディナリのイラスト。ギア式変速機をもつハイホイーラーである。

9：ファシル

10：サルヴォ・クワドリサイクル
マルチホイーラー（車輪の多い自転車）

　サイクリング時代の幕開け直後は、将来性のある型が２輪なのか３輪なのか、はたまた４輪なのか、だれにもわからなかった。だが、トライシクル（３輪車）やクワドリサイクル（４輪車）といった車輪の多い自転車には、大きな問題があった。２つの後輪に伝動するパワーが不安定で、ややもすれば止まりそうにさえなるため、操縦がむずかしかったのだ。それをはじめて解決したのが、1877年のサルヴォ・クワドリサイクルである。サルヴォは、1828年にオネジム・ペクルがフランスで取得した特許技術を改良したものだった。どちらも、のちに差動システムとよばれるようになるダブルギアを搭載していた。

製作年：1877年

考案者：
　スターレー

製作地：
　コヴェントリー

　ヨーロッパでもアメリカでも、もっとも人気が出る型はトライシクルだろうと思われていた。初期のトライシクルは、ベロシペードの改良型にすぎず、クランク軸とペダルでホイールを直接動かす仕組みで、後輪２つに比べて前輪が大きめのタイプもあった。初のトライシクル・レースがフランスではじまると、人気が高まった。1870年にはロンドン、バーミンガム、ブリュッセル、マドリードでもレースが開かれたが、フランスでの開催が圧倒的に多かった。

　サルヴォ・クワドリサイクルの考案者、ジェームズ・スターレーは、サセックス州アルボーンに生まれ、地元の学校でわずかばかりの教育を受けた。幼少期から発明の才能があり、高さが変えられる燭台や、ひも１本で開閉するブラインド、機械仕掛けでゆれるマジック乳母車などを考案した。1868年に１台のフランス製自転車を目にしたことがきっかけで、もっと走りやすい乗り物をつくる夢にとりつかれた。そうしてはじめて考案したのが、Ｃスプリングとステップ付き「コヴェントリー型」自転車だ。コヴェントリー型がすぐれていることはひと目でわかった。波形スプリングに小さめの後輪、そして乗り降り用のステップといった独自の工夫がこらされていたためだ。その後スターレーはアリエルを製造した。アリエルが人気を博したのは、はじめて採用されたセンターピボット方式ステアリングによるところが大きい。つづいてスターレーは２連クランク軸、トライシクル用駆動チェーンとスプロケットの製造をはじめるが、自転車の改良もあきらめず、タンジェント組みスポークの自転車を発表してタンジェントホイール製造に専念した。1876年に世に出したコヴェントリートライシクルは、過去のどんな乗り物とも一線を画すスターレーの発明品とみなしていいだろう。

スターレーのトライシクルは、当時彼の会社が製造していた自転車なみの人気があった。

スターレーの最高傑作

　しかし、スターレーの最高傑作は自転車でもトライシクルでもなく、サルヴォ・クワドリサイクルだ。スターレーは4輪車製造に欠かせない差動歯車を偶然発見したといわれている。あるときスターレーと息子のウィリアムは、コヴェントリーからバーミンガムへ旅をした。乗っていたのは2台のペニー・ファージングをつなげた乗り物だ。商品化されれば、夫婦で乗れることからハネムーン4輪車とでもよばれていたかもしれない。旅の途中で、乗り物が急に激しく曲がりはじめた。コントロールがきかないまま、乗り物は猛スピードで道から飛び出し溝に落ちた。ふたりとも草のとげが刺さった程度でけがはなかったので、スターレーは道ばたに座り、何が問題だったのか考えた。そして「なぜもっと早く気づかなかったのだろう」と叫ぶと、紙と鉛筆をポケットから取り出して、一心不乱になにか書きはじめた。この殴り書きを形にしたのが、ふたりの乗り手の駆動力の違いを均等化する差動装置用ベベルギア（傘歯車）だった。ジェームズ・スターレーはトライシクルの車軸にこの装置を組みこんだ。ほどなく差動装置は2輪駆動のトライシクルに標準装備されるようになり、のちに発明される自動車でも使われることになる。

　この偶然の事故から生まれたサルヴォ・クワドリサイクルは、2つの大きな後輪が横にならび、小さなステアリング用ホイールが正面に置かれていた。回転力を直線の動きに変えるラック・ピニオン駆動方式で、レバー操作のハンドブレーキもついている。のちに差動装置とよばれるようになるダブルギアが、車軸に設置されたベベルギアによって両輪に均等に力を伝動した。クワドリサイクルは注目を集め、イギリス中に販売代理店ができた。ヴィクトリア女王も2台購入されたそうである。

クワドリサイクルに乗るジェームズ・スターレー。

トライシクルを忘れない

　1881～1886年、イギリスでは自転車よりもトライシクルの製造数のほうが多かったが、これはおもに上流階級向けだった。というのもトライシクルは高価だったため、経済的に余裕のある層の乗り物とみなされていたのだ。イギリスでは、上流階級の人々が一家の女性のためにトライシクルを購入したので、トライシクルがほかの国ですたれたあとも人気を保っていた。

11：コロンビア・ハイホイーラー

アメリカ生まれ

　アメリカで自動車が登場する際に、自転車が大きな影響をあたえたことはまちがいない。アメリカで早くから自転車を製造していたのは、チャールズ・E・ドゥリエー、アレグザンダー・ウィントン、アルバート・A・ポープ大佐だった。興味深いことに、ウィルバーとオーヴィルのライト兄弟は、飛行機に軸足を移すまでオハイオ州デイトンで自転車を製造していた。同じく航空機業界の先駆者であるグレン・H・カーティスも、自転車製造業者としてスタートしている。

製作年：1878年

製作者：
ポープ・マニュファクチャリング・カンパニー

製作地：
コネティカット州ハートフォード

　自転車のおかげで、アメリカでも個人移動や旅行ができるようになった。さらに、自転車の製造過程でさまざまな素材や部品が試用されてきたため、のちの自動車設計者はそれらをすぐに使うことができた。たとえばボールベアリングは、自転車でもっとも初期に使われた部品のひとつだ。ペダルからホイールへ伝動する力を平均化するための差動装置も、クワドリサイクル用につくられたものだった。さまざまなフリーホイールやギアシフトも試されてきた。初期の自動車で使われたスチール管も、元をただせば自転車フレームのために開発されたものだ。空気タイヤやワイヤスポークも、アメリカのガソリン自動車に先んじて自転車で使われたのである。技術革新が進んだこの時代、アメリカでもっとも成功した自転車はコロンビアで、その製作者はアルバート・ポープだった。

　コロンビアは、19世紀アメリカの純国産自転車として名をはせた。ラベルを付け替えただけのヨーロッパの輸入自転車ではなく、アメリカ

アメリカを席捲したアルバート・ポープの自転車、コロンビア。

48　図説自転車の歴史

2輪車に乗ったトウェイン

　ポープの新型ハイホイーラー、コロンビア自転車の最初の購入者のなかには、サミュエル・クレメンズこと、マーク・トウェインもいた。かの有名な『トム・ソーヤーの冒険』『ハックルベリー・フィンの冒険』の作者トウェインも、サイクリングにとりつかれたのだ。南北戦争後の数十年間は、アメリカ中が自転車に熱狂していた時期だった。1884年のある日、トウェインはコネティカット州ハートフォードの自宅からほど近いウィード・ソーイングマシン・カンパニーに自転車を買いに行った。前輪が大きく不安定なオーディナリ自転車の危険な噂を聞いていたので、トウェインは1台購入すると同時に12時間の乗り方教室にもうしこんだ。しかし、悲しいかな、どうやら彼はコロンビアを乗りこなす技術を身に着けることはできなかったようだ。というのも2年後、ニューヨークのE・I・ホースマンの店でもっと楽に乗れるトライシクルを購入したのだから。

製の自転車でこれほど大きな売れ行きを見せたものは過去になかった。製造したのは、破天荒なアルバート・オーガスタス・ポープ大佐である。ポープ大佐は南北戦争中にアンティータムやフレデリックスバーグの激戦を経験し、兵役免除になると不動産でわずかながら財をなし、その後新興スポーツのサイクリングに魅せられた。1876年、フィラデルフィア万国博覧会を訪れたポープは、イギリス人、ジェームズ・K・スターレーとウィリアム・ヒルマンが設計、製造したアリエルを目にする。アメリカにはそれほど洗練された自転車がなかったため、ポープはそのオーディナリに強い感銘を受けた。スターレーはイギリスの自転車技術の先駆者で、のちに安全型自転車も開発した人物である。100センチより大きくゆがみのないホイールをつくるために、テンションホイールやタンジェント組みスポークといった新技術をとりいれたのもスターレーである。

　ポープは自転車を購入したが、選んだのはアリエルではなく、イギリスのライバル車種、デュプレックス・エクセルシオーだった。それをハートフォードへもち帰ると、細部まで調べあげ、みずから純国産のすぐれた自転車をつくろうと決意する。ポープの野心は同時代の人々とは比べものにならないほど大きく、しかも最新技術を利用する能力ももちあわせていた。そのため彼のコロンビアは、ありきたりで短命の手作り機械ではなく、数千台を売り上げる大量生産型自転車になっていく。

> 「自転車を買おう。後悔することはないはずだ。命さえあれば」
>
> マーク・トウェイン『自転車の乗り方（Taming the Bicycle）』（1917年）

ポープは現代的な宣伝方法で売り上げが伸びると信じ、メディアを巧みに利用した。

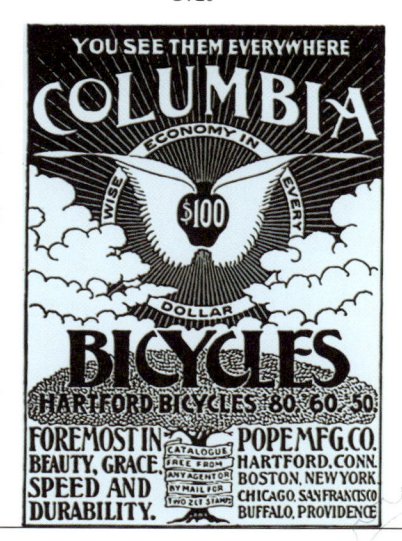

11：コロンビア・ハイホイーラー

アメリカ人のための自転車

当時のアメリカには、近代的な自転車製造業者がどこにもなかったので、ポープがその第1号といえるだろう。幸運にも彼が暮らすハートフォードには、ウィード・ソーイングマシン・カンパニーがあった。まさに自転車製造にうってつけの、熟練した金属工作技術をもつ企業だ。ポープは自転車製造の話をもちかけ、計画を受けてくれれば見返りに莫大な資金提供をするとウィード社の幹部たちを説得した。製造開始直後の自転車にはさほど技術革新のあとは見られず、ヨーロッパのデュプレックスの模倣品にすぎなかった。しかしポープはなんの苦もなく50台を売りきった。その後も注文がとぎれず前途洋々だったが、ポープは、この成功は長続きせず国中の自転車熱もやがて冷めるだろうと懸念するようになる。ポープは先の読めるビジネスマンだったので、ライバルに模倣されることも警戒した。著作権を守ることに執心し、ほかの自転車の特許をできるだけ獲得しようと奔走した。その結果、ポープはアメリカの自転車市場をある程度コントロールできるようになった。新たに取得した特許技術に莫大な特許権使用料を課したので、ライバルメー

ポープは広告にくわえて高品質のカタログや広報のテクニックを駆使して製品を宣伝した。

適正価格

コロンビアがよく売れたのは、ポープが一般人でも手のとどく価格の自転車を製造したためだ。まず、ヨーロッパから輸入するのではなくアメリカで製造することで、ボストンのフランク・ウェストンといった輸入業者が支払っていた関税を節約することができた。価格の引き下げは非常に劇的だった。最初のコロンビアが生産されたとき、他社のハイホール式オーディナリの平均価格は120ドル以上だった。これは熟練工の月給3カ月分、農場労働者の6カ月分に相当する額だ。当然ながら、購買層は比較的裕福な階級に限定され、平均的アメリカ人労働者の生活に自転車はほぼ無縁だった。やがて新たな製造技術や部品が導入されるにつれて、価格は下がりはじめる。これでアメリカ中の数百万の一般市民が自転車を所有できるようになり、余暇の楽しみとしてだけではなく、便利な通勤手段としても活用されていくのである。

カーはかぎられた型の自転車しか製造できなくなったのだ。

しかしポープの懸念は杞憂に終わり、自転車需要は増えつづけたため、コロンビアの注文がたえることはなかった。1888年までに、年間5000台を製造し完売するまでになっていた。アメリカは自転車に恋していたのである。アメリカン・ホイールメン連盟（the League of American Wheelmen）をはじめとする自転車クラブが創設され、会員が増えつづけたことからもその熱狂ぶりがうかがえる。セントルイス・サイクリング・クラブは、1887年にアメリカ初のプロレースを開始し、初期のスター選手であるアーサー・ジマーマンらを輩出した。一方ホイールメン連盟も、レースやヨーロッパ方式のタイムトライアルを後援した。このときまかれた種は、1世紀後のアメリカでツール・ド・フランス人気となって実を結ぶことになる。1900年には、ホイールメン連盟は自転車スポーツやレジャーの公式後援組織と認識されるようになり、その会員数は15万人という驚くべき数に達していた。ジョージ・ネリスもそのひとりだ。ネリスが72日間をかけて、はじめてニューヨークからサンフランシスコまでアメリカ大陸を自転車で横断したとき、サイクリングがスポーツとして成熟したことが証明された。

アメリカのレースは、アメリカン・ホイールメン連盟という自転車クラブが管理、主催していた。

一方、ポープ・マニュファクチャリング・カンパニーも劇的な成長をとげた。自転車製造開始後10年で、ポープはウィード社を買収し、最終的にハートフォードのパーク川地区に工場を5棟かまえた。フレーム工場が2棟にタイヤ工場とスチール管工場がそれぞれ1棟、そして将来を見すえての自動車工場まであった。各種コロンビアを製造する従業員は2000人で、コネティカット川の対岸にある巨大なサミェル・コルト武器工場の従業員数より多かったらしい。

コロンビアも変化し、洗練され信頼性の高い構造になっていた。オリジナル・モデルは「スタンダード・コロンビア」、新型ヘッドパーツとボールベアリングのユニットがくわえられた改良型は「スペシャル・コロンビア」とよばれた。ホイールリムに必要なU字型鋼が手に入らず、地元の鍛冶職人にゆずってもらったV字型鋼で我慢しなければならなかった時代は、いまや昔だった。

ポープの成功で、ほかの製造業者も自転車市場に参入した。ドイツ人移民のイグナツ・シュウィンもそのひとりで、ハフィー、マレー、ロスといった有名企業もあとに続いた。

広告の威力

ポープの自転車は性能がよかったとはいえ、それだけではここまで成

11：コロンビア・ハイホイーラー　51

功しなかったかもしれない。コロンビアの良さを世間に確実に知らしめるためには、効果的なマーケティング戦略が不可欠だったのだ。そのためには広告とメディアを駆使して自転車需要を生みだす必要があったわけだが、アルバート・オーガスタス・ポープは、マーケティング戦略に長けた人物だった。最初は上流階級のステータスシンボルとして、富裕層向けにコロンビアを宣伝した。その後価格が下落しはじめると、自転車を大量販売するためにはだれにでも手のとどく道具にするしかないと気づいた。そこで方針を変え、今度は中流階級と、最終的には失業者まで対象に、広告を展開した。こうした戦略をとったポープは、メディア広告の先駆者といえるだろう。従業員のひとり、サム・マクルアはポープについてこう書いている。「ほかよりすぐれた広告もあるにはあるが、どんな広告もよい広告だというのがポープ大佐の信条だった」。自転車を売るための3原則をたずねられたとき、ポープはこう答えた。「まずは広告！　つぎに大きな広告、そしてさらに大規模な広告だ！」彼はこの言葉どおりに、コロンビアとサイクリング全般を宣伝するために大金をそそぎこんだ。

　ポープは可能なかぎり、雑誌の裏表紙という絶好の位置にフルページの広告を打った。繁忙期である夏のあいだは全面広告を続け、冬場は半ページに縮小した。広告への反応は細かく記録され、対策が講じられた。ここでふたたびサム・マクルアの言葉を引用しよう。「西海岸の少年でポープ社を知らない子はいない。（中略）ポープの広告がありとあらゆる場所にあるからだ」。また、ポープはジャーナリストと親しくなり、メディア用に工場見学ツアーを企画し、販売促進に結びつけた。彼に広告の才能があり、メディアも巧みに利用したことがうかがえるエピソードだ。もっとも大胆な広告といえるのは、トマス・スティーヴンズというイギリス人移民の青年の旅だろう。スティーヴンズはサンフランシスコでスタンダード・コロンビアを購入し、それに乗ってニューヨークまで大陸横断旅行をした人物だ。その後は世界一周に挑戦したいと宣言し、のちに史上初の自転車世界一周をなしとげる。

　ポープはスティーヴンズの大陸横断旅行に興味を覚え、コロンビアを宣伝するまたとないチャンスだと考えた。そこで西海岸を出発したスティーヴンズがボストンにたどり着くと、彼が乗っていたコロンビアを新型のコロンビア・エク

1870年代、サイクリングはアメリカの都市生活の一部となった。

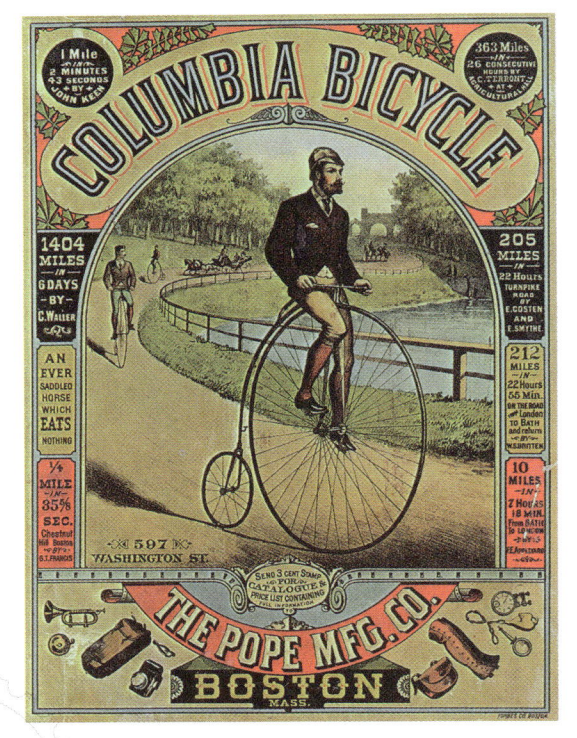

スパートと交換し、会社の最新モデルを宣伝した。さらにポープは、アメリカン・ホイールメン連盟が会員に賭けレースをすることやサイクリングで生計を立てるプロになったりすることを厳しく禁じていると知っていたので、スティーヴンズを作家に仕立てあげる。彼にあたえられた仕事はアメリカ横断の旅行記を書くことで、それをポープが出版するという体裁にしたのだ。こうしてスティーヴンズがポープ社の製品を広告するプロのサイクリストとみなされる事態は避けることができた。旅行記は評判となり、スティーヴンズはサイクリングをやめてその後は冒険作家として身を立てた。

コロンビアは10年間で驚くほどの売れ行きを見せたが、スタンレーとサットンの「ローバー」安全型自転車が登場すると、時代遅れになった。ローバーは前後ほぼ同サイズのホイールと、ハンドルで直接操縦するダイレクトステアリングを採用していた。それを可能にしたのは、斜めに配したヘッドチューブと乗り手のほうへ向かって湾曲しているハンドルだ。ローバーは自転車の未来を示していたのだ。多くの製造会社がこの新しい「安全型」自転車をつくりはじめた。シカゴの移民、アドルフ・シェニンガーもそのひとりで、「自転車界のヘンリー・フォード」と称されるほどの成功をおさめた。シェニンガーが経営するウェスタン・ホイール・ワークスでは、ポープ社と似たような生産方式を用い、低コストの金属プレスなどでコストを削減して「クレセント」を製造した。その結果、クレセントはポープのコロンビアより労働者が買いやすい価格になり、販売台数もコロンビアを上まわった。1897年だけで200万台以上のクレセントが生産されている。価格が格安だったため、クレセントが輸出されたヨーロッパでも自転車価格が下落した。

アルバート・オーガスタス・ポープの自転車は、最終的には衰退したが、彼がアメリカの自転車産業の黄金期を象徴する人物であることに変わりはない。初代コロンビアが登場したとき、平均的なアメリカ人は、ホイールがたった2つしかない乗り物の上で人間がまっすぐに座っていられるはずがないと思ったそうだ。初期の乗り手は、自転車で静かに道路を走っているだけで、土地の人々に悪魔よばわりされたらしい。だがポープとコロンビアは、そういった偏見はすべて過ちだと証明することになったのである。

男性も女性も、自転車で仲よく安全に遠出できるようになった。

11：コロンビア・ハイホイーラー

12：コヴェントリー・レバー
トライシクル

　初期の2輪車は、重くて扱いにくく、コントロールがむずかしいのが難点だった。乗りこなせるのは体力のある青年だけで、それ以外の人々が楽しむ機会はなかった。そんな乗りにくい自転車の代わりと目されたのが、安定感のあるトライシクル（3輪車）だ。実用的なトライシクルの製造は、1680年にすでにはじまっていた。ニュルンベルクに住む脚が不自由なドイツ人時計職人、シュテファン・ファーフラーが、変速ギアのついた手まわし式の初期トライシクルをつくっている。

製作年：1884年

製作者：
コヴェントリー・マシニスト

製作地：
コヴェントリー

　ファーフラーのつぎに注目すべきは、1789年、ふたりのフランス人、ブランシャールとマギルが製造したトライシクルだ。これに刺激を受けたジュルナル・ド・パリ紙は、自転車（bicycle）とトライシクル（tricycle）という言葉を使って、はじめてふたつの乗り物の違いを明確にした。トライシクルはヨーロッパ中で関心の的となった。1819年、イギリスではホビーホースの生みの親であるデニス・ジョンソンもみずから3輪のスウィフトウォーカーを製造したほどだ。
　信頼性の高いトライシクルが生まれるきっかけをつくったのは、ベロシペードだった。トライシクルは標準的なベロシペードを改造してつくられていたが、前輪より小さなホイールが2つ、後部の車軸にとりつけ

1880年代のトライシクルは驚くほどモダンなデザインだ。

54　図説自転車の歴史

られ、クランク軸とペダルで前進する仕組みだった。人気が高まったのは、フランスやイギリスでトライシクル・レースが開催されるようになったためだ。1869～70年の1年間だけで、フランスを中心に、ヨーロッパ中で159ものレースが開かれた。男性がベロシペード型のトライシクルに乗るのは簡単だったが、上管が高い位置だったため、大胆な女性が乗ろうとしても、ひと苦労だっただろう。のちの改良型は、ペダルの代わりにレバー付き踏み板でクランク軸に動力を伝えるようになった。そのため、たっぷりしたスカートをはいた女性でも、トライシクルでサイクリングやレースができるようになった。

トライシクルの流行

　スターレーのコヴェントリー・ロータリーに代表される1876～1884年製のトライシクルは、トライシクルの第1世代とみなされている。最高のデザインを追求する過程で、第1世代にはさまざまな工夫がくわえられていく。当初は小さめの2つの後輪が一般的だったが、そんな固定概念をくつがえすデザインが、自転車開発には無縁と思われていたアイルランドで現われた。1876年にダブリン市民、ウィリアム・ブラッドが特許を取得したトライシクルがそれだ。後輪は大きなものが1つだけ。前輪はそれより小さめで、2つある。駆動輪は後輪で、2本のフロントフォークで支えられた前輪で舵とりをする。しかしこれは1870年代に取得された数あるトライシクル関連特許のひとつにすぎない。当時はトライシクルが自転車に迫る勢いで製造されていたのだ。1879年には、イギリスのコヴェントリーで20種類のトライシクルとマルチホイールが生産され、1884年になると20のメーカーが120種類以上のモデルをつくっていた。人気を支えていたのはおもにハイホイーラーに乗れない人々で、くるぶしまでとどく長いドレス姿の女性や小柄な男性、運動が苦手な男性らが好んで乗った。

ジェームズ・スターレーは、コヴェントリー・レバー式トライシクルでも成功した。

　しかし、市場を牽引していたのは、実質的に1種類のモデルだった。1876年11月に登場したジェームズ・スターレーのコヴェントリー・レバー式トライシクルである。スターレーが新型車の出発点として使ったのは、以前あまり売れなかった女性向けアリエルだった。コヴェントリー・レバー式はとても奇妙な姿をしている。2つの小さなホイールが、車体右側に縦にならんでいるのだ。操縦はこの2つのホイールで行い、車体の左側にある大きなホイール1輪が駆動輪だった。3輪のうち2輪を縦に置いたのは、わだちにはまりにくくする工夫だ。左右のホイール

のあいだには十分な距離があり、安定性が確保されている。翌年、スターレーはコヴェントリー・ロータリーを発表する。世界初のチェーン駆動式トライシクルのひとつで、ステアリングはラック・ピニオン式を採用し、商業的にも成功した。広告では「写真家、芸術家、スポーツマン、釣り師、測量技師の方々にお勧め。撮影機材、イーゼル、猟銃、釣り竿、三脚、なんでも積める」と宣伝した。

　ジェームズ・スターレーはトライシクルの可能性を探りつづけた。その結果、初期のトライシクルをふたたび改良し、小さめの後輪を大きなホイールに代え、クランクを追加した。これにより、ふたりの乗り手が横ならびに座り、それぞれがペダルを踏んで自分のすぐ横のホイールを動かせるようになった。スターレーはレバー式トライシクルを初のソーシャブル（2人乗り）につくりかえていたのである。だが問題が起こっ

上流階級のお気に入り

　フランスで流行しはじめたトライシクルは、イギリスでもすぐに広まった。1881～1886年には、自転車よりトライシクルの生産量のほうが多かったほどだ。この現象の理由のひとつとして、イギリスの階級制度があげられるだろう。イギリスではトライシクルが非常に高価だったため、上流階級向けと認識され、女性が乗るものと考えられた。もうひとつ重要なのは、自転車とトライシクルのスピードの違いが時速3～5キロほどに縮まったことだ。そのため多くの人が、サイクリングをするならトライシクルでと考えた。ワールド・オヴ・ロンドン誌は「今年ブライトンでは、トライシクル・サイクリングが大人気だ。美しいスチール車体のおかげで、いまのトライシクルは耐久性と同時に軽さもかねそなえている」との記事をのせた。そうした賞賛の結果、トライシクルがおおかたの国で衰退したあとも、イギリスでは長く人気を保った。対照的にアメリカでは、おもに年配の人々が気晴らしや買い物、運動用にトライシクルを使い、アジアやアフリカでは物資の運搬用に利用されるようになった。

2人乗りトライシクルで隣あってサイクリングする女性。1880年代、女性は運動や移動のためではなく余暇でサイクリングを楽しんだ。

た。この2人乗りトライシクルは、舵とりがむずかしいことが判明したのだ。ホイールに伝動する力が一定ではないため、直線走行が困難だったのである。スターレーはいつもどおりすぐに解決策を講じ、2つの駆動輪に力が均等に配分されるように、差動装置を車軸に組みこんだ。この装置の働きで、カーブを曲がるときは一方のホイールが他方より速く回転するようになった。

その後のトライシクル改革

トライシクル人気はおとろえることを知らず、次世代トライシクルが登場した。プロレーサーのロバート・クリップスにちなんで命名された、1885年のハンバー・クリッパーがその好例である。近代的な2つの後輪と、その軌道の真ん中に位置する前輪が特徴だった。前輪は多くが直径46〜60センチ、後輪は約100センチの大きさだ。ホイールベースは約80センチ、軌道幅も同程度、重さは約34キロだったが、レーシング・モデルは約18キロと軽量である。最後となる第3世代が登場したのは1892年頃で、その代表例であるスターレー・サイコの3輪はすべて71センチの大きさだった。

トライシクルの流行は、1900年頃に安全型自転車が登場すると終わりを迎えた。安全型自転車は空気タイヤのおかげで、以前はトライシクルでしか実現できなかった安定性を確保していたためである。19世紀終わり以降のトライシクルは、現代的な部品がつけくわえられてはいるものの、基本構造はまったく変化していない。

1880年代の、さらに洗練されたトライシクル。

12：コヴェントリー・レバー

13：空気タイヤ
快適な乗り心地

　安全型自転車はオーディナリ型より安全性が高く、ダイヤモンド・フレームの登場によって乗り心地も向上した。だが、ホイールには深刻な問題が残っていた。ごく初期の自転車のホイールはすべて木製だったため、なめらかな路面以外はどんなところを走っても乗り心地が悪かったのだ。鉄製リムを使っても状況は好転しなかった。やがて金属から硬質ゴムのタイヤに替わり、材質が根本的に変化して希望が近づいたかに思えたが、乗り心地はわずかに向上しただけだった。快適なサイクリングの実現は、1880年代末に空気タイヤが誕生するまでもち越されたのである。

製作年：1880年代末
製作者：ダンロップ
製作地：ベルファスト

　ゴムは19世紀初頭でも入手可能だったが、不安定な物質なので、製造業ではうまく活用できなかった。そのため、1830年代に西欧中をおおったゴムへの期待は、またたくまにしぼんだ。当初は、このブラジル産の防水性のある新素材に注目が集まり、ゴムであらゆる製品をつくろうとつぎつぎに工場が建てられた。だが唐突に、世間はゴムに失望した。ゴムは驚くほどの可能性をもっていたが、まったく安定性に欠けることがわかったのだ。冬はかちかちに凍り、夏は接着剤のようにべたべたと溶ける。そんな不安定な物質を、自転車のタイヤのように信頼性が必要なものに使うわけにはいかなかった。ゴムを安定化させる技術を早急に開発する必要があった。

空気タイヤの誕生で、ボーンシェイカーの時代が終わった。

チャールズ・グッドイヤーの発見

　1839年頃、チャールズ・グッドイヤーは、天然ゴムと硫黄の混合物を偶然熱いストーブの上に落とし、ゴムの加硫処理法を発見する。これによりゴムの可塑性がなくなり、強度や弾性が増した。さしあたっての問題は、それを実用化するための資金だった。この発見を信頼し、投資してくれる人物をみつけるまで、それから2年かかった。その後加硫処理の工程を完成させたグッドイヤーは、ついに1844年、初の特許を取得した。その後数年間に、自転車のタイヤやゴム製避妊具といったさまざまな製品のオリジナル工法に特許が認められ、その数は60以上にのぼった。
　加硫法の発見後すぐに、固形ゴムのタイヤがつくられた。このタイヤはじょうぶで、衝撃を吸収し、亀裂や摩擦にも強いため、従来品と比較するとかなり性能が向上した。しかし非常に重く、お世辞にもなめらかな乗り心地とはいえなかった。ゴムをリムにとりつける方法も課題だったが、トマス・B・ジェフリーがワイヤーでリムにしっかりとめつけるタイヤを開発して問題を解決した。リムに糊づけされ急にはがれることも

多かった旧来のタイヤに比べ、安全性が高まった。

　グッドイヤーの発明は、自転車産業の発展に大きな影響をあたえた。ペダルに匹敵する重要な発明だったといえるだろう。グッドイヤーはゴムを改良し、自転車のタイヤとして申し分のないしなやかな素材に変えた。この画期的な技術のおかげで人々は自転車で街から飛び出し、田舎まで遠出できるようになったのだ。ただし、タイヤの物語はまだ前半しか終わっていない。加硫ゴムを空気タイヤへ変貌させる工程が後半に残っている。

チャールズ・グッドイヤーはゴムの加硫処理法を発見した。

空気タイヤの誕生

　最初に空気タイヤを製造したのは、1845年のロバート・トムソンだ。アメリカからイギリスに戻ったトムソンは、父親に工房をあたえられ、そこで「空気ホイール」なるものを開発した。トムソンはそのタイヤを自転車ではなく馬車に使い、ロンドンのリージェント・パークで固形ゴムタイヤの馬車を相手に競争してみせた。見物していた記者たちは、タイヤが柔らかいから馬車は遅くなると予想したが、実際は空気タイヤのおかげで動きがなめらかになり、かなりのスピードが出た。それ以外にも、走行音がほとんどなく静かだということがわかった。

2人の発明家

　空気タイヤを発明したのは、2人の人物というべきだろう。ひとりは1888年にアイルランドで空気タイヤを発明したジョン・ボイド・ダンロップ。もうひとりは、ダンロップより43年も早い1845年に特許を取得していたイギリスのロバート・W・トムソンだ。偶然にもふたりは同じものを数十年違いで発明したが、互いに相手のことは知らなかった。嘘のような本当の話である。トムソンは、ダンロップの前に10年間も研究を続けていたので、空気タイヤを実質的に発明したのは彼だといえるが、不運にも、空気タイヤは時代を先どりしすぎていた。空気タイヤの未来にかける思いはトムソンのほうがダンロップより強

タイヤ界一の偉人、ジョン・ボイド・ダンロップ。彼の会社は現在も存続している。

かったが、売れ行きが悪かったために希望はついえ、彼の発明はすぐに忘れ去られた。馬車の時代に空気タイヤの市場を開拓することは至難の業だったのだろう。そのためトムソンの名前はほとんど知られておらず、ただのおまけのように扱われている。路面からの振動緩和に最適なのは空気タイヤだということに懐疑的だったダンロップが、みずからの発明品が世界を席巻するのをまのあたりにし、世界中に恩恵をもたらした偉人として尊敬されているのは、なんとも皮肉なことである。

特許申請書によると、トムソンの「空気ホイール」は「乗り物の車輪周辺に弾力性をもたせ、その動きをなめらかにし、動作中の騒音を軽減する」ものだった。トムソンが使ったのは天然ゴムとグッタペルカという樹脂を用いた中空チューブで、その中に空気を入れていた。地面であれレールであれ、わだちであれ、走行中のホイールと接地面のあいだに空気のクッションができるというのがトムソンの考えだ。この弾力性のあるチューブは、ゴム液を染みこませたキャンバス地をいく層にも重ねてつくり、その後硫化処理していた。防護用の覆いとして革を使い、現在はポンプとよばれている「コンデンサー」で空気を入れた。トムソンはこの空気タイヤを馬車で試して期待どおりの結果を得たが、販売計画は失敗に終わる。

1873年、トムソンが他界すると空気タイヤは一時的に忘れ去られた。ようやく日の目を見たのは、1887年、ベルファストのスコットランド人獣医、ジョン・ダンロップがきっかけだ。砂利道を自転車で通学する息子が、お尻が痛くなったと不満を言ったので、ダンロップは固形ゴムのタイヤを空気タイヤに取り替えてみた。すると乗り心地が格段によくなったのだ。そればかりかスピードも増し、息子は自転車競争で負け知らずになった。1889年5月、クイーンズカレッジの競技場で大規模なレースが開かれた際、ダンロップは自転車チャンピオン、ウィリー・ヒュームを説得し、新しい空気タイヤを使わせた。するとヒュームは優勝し、この新しい空気タイヤの性能が確認されたので、ダンロップは即座にダンロップ・ラバー・カンパニーを設立した。この発明は野火のごとく広まり、ダンロップのタイヤが世界中で使われるようになるのである。

みずからの発明品に満足そうに乗るジョン・ボイド・ダンロップ。

空気タイヤと密着性

空気タイヤが登場して、従来のタイヤの問題すべてが解決されたわけではなかった。タイヤをいかにリムに密着させるかという課題が残っていたのである。この難問は、トマス・B・ジェフリーが解決する。自転車メーカーにして発明家でもあるジェフリーは、1882年にタイヤにワイヤーを1本つけ、それでリムに固定する改良型タイヤの特許をとっていた。ワイヤーでしっかりリムに固定できるため、走行中も安全だ。これ以前は、自転車のタイヤはリムに接着剤で固定されていたためひんぱんにはがれ、安全とはいいがたかったのだ。

空気タイヤのさらなる進化

1892年にはすでに空気タイヤは広く普及していたので、自転車メーカーはこの新しいタイヤを使うために既存のモデルを一新せざるをえなかった。空気タイヤの予想外の利点は、乗り心地がよくなったおかげで、これまではとうてい行けなかった片田舎まで自転車で行けるようになったことだ。空気タイヤの自転車がレースで勝利をおさめるようになると、競技場も外周部がせり上がっているバンクコースに改修された。その後もタイヤ技術は進化しつづけ、1896年にはアメリカのH・J・ダウティが硫化処理用の蒸気加熱プレス機を開発する。それ以降、大量生産が可能になり、表面に複雑なパターンをきざむこともできるようになった。

ヨーロッパでも改良が見られた。1892年、フランスのミシュラン兄弟がホイールリムに複数のリングで固定するビーデッドエッジ・タイヤを開発し、特許を取得した。1890年代にフランス中でサイクリング熱が高まると、ダンロップの特許はフランス人製造業者にも買われた。しかし、空気タイヤ進化の最後の一歩は、アメリカのドイツ人移民、オーガスト・シュレーダーが標すことになる。シュレーダーは商才に長けていたので、マンハッタン南部でゴム製品の取引をはじめ、1845年にはグッドイヤー・ブラザーズ社のゴム製品向け部品やバルブも扱うようになっていた。そして1890年前後、イギリス人自転車選手が空気タイヤを使って勝利した記事を読み、タイヤの空気が抜けないように、もっと安く性能のいいタイヤバルブが必要だとひらめいた。こうして生まれたのが、現在も使われているシュレーダー・バルブだ。バルブステムにバルブコアを通す構造で、バルブコアはスプリング付きポペット弁になっている。

シュレーダーが自転車の発展に残したもうひとつの功績は、1896年に特許を取得したシュレーダー・バルブ用キャップだ。バルブキャップは重要な部品で、これがなければほこりや水がバルブに入りこんでふさいだり、表面を汚したりして空気もれの原因になる。冬に除氷剤として使われる岩塩や化学物質は、シュレーダー・バルブの真鍮部分にとっては大敵だ。

> 「空気タイヤがタイヤの未来であることは明らかだ。現在のメーカーには理解できないほど広大な世界を開くことになるだろう」
>
> アイルランドの自転車チャンピオン、R・J・メクレディ
> （1896年）

シュレーダー・バルブのキャップ。1896年に特許取得され、現在も多くの自転車で使われている。

13：空気タイヤ　61

14：スウィフト
事務員の自転車

　1890年代なかばにもなると、自転車の生産台数は増加し、市場競争で価格も下がった。だが第1次大戦前までは、労働者階級にはまだまだ高嶺の花だった。20世紀初頭に自転車の重要性を意識したのは、政治活動に使った中産階級のほうだった。乗り手の社会階級がなんであれ、歴史上はじめて、徒歩や馬車以外で遠距離を旅するために自転車を手に入れる必要性が生じたのである。これを可能にしたのが「スウィフト」をはじめとする安全型自転車だった。

製作年：1885年

製作者：
　サットン

製作地：
　コヴェントリー

　スウィフトは、コヴェントリー・ソーイングマシン・カンパニーとジェームズ・スターレーの製品だ。スターレーはジョサイア・ターナーと手を組んで、1859年、アメリカのミシンを輸入する会社を起ちあげた。10年後、ふたりはサイクリングの流行に目をつけ、自転車やトライシクル、クワドリサイクルの製造をはじめる。会社は「コヴェントリー・マシニスト」とよばれるようになり、イギリスで2番手の自転車メーカーに成長する。当時はイギリスの自転車の70パーセント以上がコヴェントリーの街で製造されていた。コヴェントリー・マシニストの2台目のモデルが「クラブ」と名づけられたのは、イギリス中に突然増えはじめた自転車クラブの人気にあやかったものだ。

　安全型自転車が登場する前から、前輪が大きいオーディナリは冒険好きの青年や、少数ではあるが女性にも人気があった。サイクリングは一大ブームとなり、1878年にはすでにイギリスやフランス、アメリカで多くのクラブが誕生していた。大規模なクラブでは会員数が100人以上

ジェームズ・スターレーのスウィフト。イギリスの安全型自転車のなかでもっとも売れ行きがよかったモデルで、世界中へ輸出された。

という大所帯もめずらしくなかった。会員たちは定期的に会合を開いては遠征旅行を計画し、技術面の情報交換をした。もっとも人気があったのは、ナショナル・クラリオン・サイクリング・クラブだ。創立は1895年だが、その年末には80もの支部が生まれている。クラブの目的は「相互扶助を旨とし、仲間意識を育み、社会主義思想を広め、そしてサイクリングを楽しむ」ことだった。

第1次大戦後数年で自転車は社会全体に浸透し、「ごくふつうの」人々が「ふつうの」生活を営むための道具として自転車を使っていた。

クラブの会員も大半はごくふつうの事務員や店員で、週末になるとつれだって田舎へサイクリングに出かけた。社会主義者もこの現象を、労働者階級にふさわしい道徳的な活動とみなしていた。当時の都市は悪臭に満ち、「死と愚行と貧困のにおい」が漂っていると考えられていたので、サイクリングはそこから脱出するには最適の手段だったのだ。社会主義者は、田舎の新鮮な空気と美しい景色を求めて街から脱出するのは、健康的な運動にもなるという美辞麗句をひねりだした。

1890年代、安全型自転車が普及すると、田舎へのサイクリングはいっそう拡大する。多くの人が自転車を購入するようになり、アメリカでは1年間で150台の安全型自転車が売れ、自転車人口が事実上2倍になった。イギリスでも自転車をもちたいという願望はふくらみ、スウィフトのような自転車が比較的安価で手に入るようになると、庶民も自転車旅行をするようになる。サイクリングはもはや上流階級の特権ではなくなり、中流階級の社会主義者と深くかかわる乗り物になった。気の向くままにどこへでも行ける自転車は、社会主義のメッセージを広範囲に広めるためには理想的な移動手段だったのだ。自転車は、中産階級の社会主義運動家と、のちにサイクリングを楽しむことになる労働者階級の、両方の行動範囲を広げる役割を果たしたといえるだろう。

新型自転車の登場で、社会には新たな楽観論も生まれた。著述家H・G・ウェルズは「自転車に乗った大人を見ると、人間の未来は悪くないと思う」と記している。彼の小説『運命の車輪 (Wheels of Chance)』は、恋人たちがロマンティックなサイクリング休暇をすごし、絆を深める設定だ。小説では当時の自転車が数多く描かれ、比較的低賃金の服地店の店員でも旧式の中古の自転車なら買えることや、社会道徳が変化して女性も自由に自転車に乗ることができるようになった状況が説明されている。ウェルズはまた、サイクリングの楽しみを独特な言いまわしで表現している。「はじめてのサイクリングのあとは、かならずサイクリングの夢を見るはずだ。動きの記憶が筋肉に残り、脚がいつまでもぐるぐると回転しているかのように思える。だから夢の国でも、つぎつぎと変化し成長するすばらしい夢の自転車で走っている」。そして「理想郷にもサイクリングのできる道があるように」と願っているのだ。

> 「自転車は便利な乗り物として広く普及した。工場の外にずらりとならび、ランチタイムや終業時間を知らせるベルが鳴ると、工場の門から布製の帽子をかぶった労働者が自転車にまたがり流れ出てくる」
>
> J・マクガーン
> （1887年）

15：アイヴェル
２人乗り自転車

　初期の２人乗り（タンデム）自転車を道でみかけるようになったのは、空気タイヤの実用化とほぼ同時期だ。しかし、安全型自転車のデザインにもとづいた実用的な２人乗りが登場したのは1886年だった。ダン・アルボーンが製造したアイヴェルである。アルボーンはイギリスのビッグルスウェードに暮らす発明家であり、自転車レーサーでもあった。アイヴェルはクロスフレーム原理にもとづいて製造され、上管が斜めに傾斜していたためサドル位置が低く、男性だけでなく女性も楽に乗ることができた。史上初の男女共用自転車といえるだろう。

製作年：**1886年**

製作者：
アルボーン

製作地：
ビッグルスウェード

　２人乗りという意味で使われることが多い「タンデム（tandem）」だが、じつは乗り手の人数ではなくシートの位置関係を示す言葉だ（横ならびではなく、前後の縦ならびである）。２人が横ならびに乗る自転車は「ソーシャブル」という。タンデム人気が高まったのは、女性と男性がいっしょに乗ることができたためだ。当然ながら、男女が１台の自転車に乗るということは、ふたりの恋愛関係を暗に示していた。

レディ・ファースト？
　タンデムには、女性は前に乗るべきか、後ろに乗るべきかという問題があった。アイヴェルの前後のハンドルを連動させて、前後どちらに座っても操縦できるようにしたアルボーンも、この問題に気づいていたに違いない。ほかの初期のタンデムは、礼儀として女性を前に乗せるように

２人乗りのジレンマ。前に乗るのは、女性？ それとも男性？

「前へどうぞ、マダム」。女性と2人で乗るときのエチケット。

設計されていた。この手のモデルの先駆けとなったメーカーは、ハンバー、シンガー、ラッジ、ラレー、ホイットワース、チャタリーなどである。ほかの製造会社もすぐに、女性が前か後ろに乗ることを想定したタンデムの市場に参入した。徐々に、男性は前に乗ってステアリングやブレーキを操作し、危険なときは飛びおりて女性を助け事故を防ぐべきとの考え方が一般的になっていく。しかし、女性に背を向けるのは紳士らしからぬ無礼なことだと感じる人もいた。1889年にサイクリスト・ツーリング・クラブ紙が「女性は手荷物と同じように後部座席にゆだねるべし」との記事を掲載し、最終判断がくだされたかに見えた。

　当時は、女性に敬意を表して前部に座らせることが多かった。万が一のときには衝撃をまともに受けたり、走行中に冷たい風にあたったりすることは考慮されなかったわけだ。当然ながらステアリングとバランスとりをまかされるのは男性で、後部座席で舵とりをするために前後のハンドルを棒でつなげなければならなかった。そうすると前の女性はハンドルをにぎるだけで、操縦やバランスとりは男性まかせになる。男性の舵とりに干渉することもできなければ、落車の危険があったので指示を無視することも許されなかったのである。

２人乗り自転車

　前後どちらに乗るかの議論はさておき、アイヴェルのようなタンデムの人気が高まったのは、デートに最適だったためと考えてまずまちがいない。男性は女友だちをサイクリングにつれだすことができ、なおかつタンデムなら女性はペダルを必死に踏む必要もない。さらに、作曲家ハリー・ダクレがポピュラーソング「デイジー・ベル（２人乗り自転車）」を作曲したため、タンデム人気は不動のものになった。

　初期のフレーム設計はまだまだ不完全で、下方に湾曲した太い中心管が後方のひし型フレームにつながり、一般的なリアフォークに続いていた。後部ペダルのクランク軸はチェーンで前のクランク軸につながっているので、ふたりの乗り手の動力が後ろの駆動輪に伝わる。フレームそのものの強度がたりず、チェーンとベアリングのつなぎも多かったため、乗り心地は悪かった。

　古い型のタンデムには、ベロシペードを前後に連結させたタイプもあった。前方に男性が乗り、後方の女性を牽引する仕組みだ。のちに、女性用のバスケットシートがついたオーディナリやトライシクルが試作され、とりはずし可能な女性用シートのついた改造トライシクルも登場した。もっとも売り上げがよかったのは、1878年にジェームズ・スターレーが製造したタンデム・トライシクル、サルヴォ・ソーシャブルだ。大きな２つの駆動輪のあいだに、２つのシートが隣りあわせで置かれていた。乗り手２人が異なるペースでペダルをこぐと走行が不安定になったが、スターレーは差動装置を組みこみ、双方からの動力を均等に配分して問題を解決した。

　1897年にはすでにかなりの改良が進んでいたので、２人乗りの人気がふたたび高まった。アメリカでは「後部ステアリング」型がデート用として有名になった。そんな発明品を買える男性は、女友だちの家まで迎えに行き、デートに出かけた。当時の保守的な社会では、男女のデートにはお目付役が付きものだったが、こうした大胆なデートがヴィクトリア時代の堅苦しいつきあい方に一石を投じたことはまちがいないだろう。

　だがタンデムには、男女のデート用という側面以外にも特筆すべき点がある。なかでも重要なのはスピードだ。後部ステアリングで「女性が後ろ」に乗るタイプは、女友だちを家から誘い出すにはもってこいだったが、「男性が２人」乗るタイプはスピード重視で、実際かなりのスピードが出た。タンデムの重量が１人乗り用の２倍弱なら、重量あたりの出力がかなり大きくなるためだ。車体は従来の１人乗りよりかなり重いが、２人の乗り手の動力は通常の２〜４倍にもなる。さらに、接地面との摩擦によるエネルギーロスが最小限に抑えられ、空気抵抗も従来型の自転車と大差はなかった。下り坂や平地では、１人乗りの乗り手が生むパワーの大半は耐風に使われる。しかしタンデムでは、耐風は同程度、かつ２人の乗り手

「タンデムにいっしょに乗ることに比べたら、ベッドをともにすることなどなんでもない」

A・A・ミルン（1926年）

乗り手が増えれば、速くなる？　4人乗りタンデム。

が生む動力は2倍なので、より速いスピードが出せるのだ。

　1898年、ミカエル・ペダーセンがつくった2人乗りタンデムと4人乗りタンデムは、さらに進化していた。ペダーセン初となるそのタンデムは、彼の個性的なペダーセン自転車をモデルにつくられ、2人乗りの重量は11キロ、4人乗りは29キロだった。これらはタンデムレース・スポーツという新たな分野を開拓したが、1人乗りレースより高速だったため、選手のけがや事故が頻発した。

　タンデム・サイクリングで非常に重要なのは、どのように止まるかを出発前に決めておくことだ。ペダルの動きは連動しているので、2人同時にこぐのを止めて降りなければ転んでしまう。同乗者同士にこうした協力が求められることから、タンデムに乗るとふたりの信頼関係があらわになったかもしれない。1939年に出版されたイギリス人作家、A・A・ミルンの自伝『今からでは遅すぎる』でもこの点に触れられている。ミルンと兄のケンが後部ステアリングのタンデム・トライシクルに乗ったときの思い出だ。当時ミルンは8歳、ケンは10歳だった。

　「家にはタンデム・トライシクルがあった。ケンが後ろに乗って、ハンドル操作とベルとブレーキを担当した。わたしは前に座っていて、事故にあった。タンデムにいっしょに乗ることに比べたら、ベッドをともにすることなどなんでもない。前に乗った者は、向かい風でも上り坂でも体をくの字に曲げてペダルをこぎ、激しく呼吸をしながら考える。後ろのやつはハンドルに足をのせて景色を楽しんでいるに違いないと。そして（ケンによると）後ろは後ろで、トライシクルを動かしているのは自分ひとりの力に違いないと考えている。自分はすっかり疲れているのに、前の者はただ惰性で進んでいるだけだ、と」

15：アイヴェル

16：エルスウィック・スポーツ
自転車に乗った女性たち

　自転車は当初、おもに裕福な男性の楽しみに限定されていた。ハイホイーラーは地面よりはるか高い位置に座らなければならなかったため、服装や体格の面から女性には適さないと思われていた。1880年代に安全型自転車が登場すると、女性たちも徐々にサイクリングに参加するようになっていった。そんななか、エルスウィック・サイクル・カンパニーはこの新しい市場に資本投入し、女性向けのエルスウィック・スポーツを製造した。女性用自転車の売り上げが伸びると、1912年、エルスウィック・ホッパーはイギリスをはじめ世界中に強力な輸出網をつくった。

製作年：1912年

製作者：
エルスウィック

製作地：
ニューカースル・アポン・タイン

　長年にわたり、社会的自立を求める女性と、女性の自立がキリスト教世界のモラルを破壊するとみなす人々のあいだで、女性とサイクリングについて激しい議論がかわされてきた。さらに服装の問題もあった。長く重みのあるスカートと体を締めつけるコルセットのせいで、女性は体の動きをいちじるしく制限されていた。いく層にも重なるペチコートや帽子、手袋も邪魔だった。1851年のこと、ミセス・リビー・ミラーがニューヨーク州セネカフォールに暮らすいとこのアメリア・ブルーマーを訪ねた。ミセス・ミラーはトルコ風の民族衣装にヒントを得た手作りの服を着ていたのだが、それが大騒ぎになるほど、当時の女性は古いしきたりに束縛されていたのだ。

　束縛する側のモラリストにとっては、オーディナリ自転車のせいで20年近くも女性がサイクリングに参加できなかったのは幸運だったかもしれない。釣り鐘型のスカートでは、前輪が大きなオーディナリに乗ることは不可能だったのだ。何年ものあいだ、男性が自転車という新たな体験を楽しんでいるのを、女性たちは指をくわえて見ているしかなかった。

　しかしチェーン駆動の後輪と減速歯車が開発されると、ホイールのサイズが小さくなり、さまざまなデザインが可能になった。市場を広げたい自転車メーカーは、女性がスカートやコルセットを身に着けたまま、尊厳を犠牲にすることなく乗れる自転車にたどり着く。時代の移り変わりは早く、アメリカの有名な女性解放論者、エリザベス・ケイディ・スタントンは「今後女性は自転車に乗って投票に行くだろう」と公言した。一方イングリッシュウーマン・ドメスティック・マガジンは、女性が自転車に乗ることについてもっと保守的だった。

エルスウィック型自転車のおかげで、冒険好きな女性たちは外へ飛び出した。

真のイギリス人女性は、フランス人のようにくつろいで自転車に乗ることができるだろうかと疑問視し、「自転車はほんとうに流行するのだろうか？　たとえしたとしても、わたしたちは自転車で行列になって買い物に行くだろうか？」との記事を掲載している。だが、もはやサイクリングは、自転車が買える人ならだれでも試してみたい魅力的な遊びになっていたので、すぐに有閑階級の女性たちに受け入れられた。イギリスでは、1890年までに、サイクリスト・ツーリング・クラブの会員数が6万人にふくれあがり、そのうち2万人以上が女性だった。

19世紀末には、多くの女性がヴィクトリア朝風の感傷的で堅苦しい道徳観や美的感覚に異議申し立てするために家庭から飛び出し、公の場で自転車に乗っていたようだ。女性にとってサイクリングとは、男女同権を訴えるための道具だった。男性ばかりで騒々しく下品とされている公共の場に女性が出ていくことで社会を啓蒙し、家庭的で穏やかな場所にしようとしたのである。女性が公共の場に現れるようになると、男性は自分たちの地位が脅かされるのではないかと不安になった。そのためそんな女性たちをひやかしたり、差別的な冗談を言ったりして侮辱した。

サイクリングは女性の体面を貶めるだけではなく、肉体的、精神的健康もそこなうと信じ、「サイクリングが血液を温め、（中略）女性の美や落ち着きを破壊し、内臓の働きを乱す」と主張する者もいた。「若い女性の場合、自転車に乗る際の緊張に骨盤が耐えきれず、遅かれ早かれ形が歪んで、晩年苦しむことになるだろう」と示唆するアメリカ人医師まで出る始末だった。サイクリングは性的興奮をもたらすので、サドルにまたがってペダルをこぐと女性も刺激を受けるとの意見もあった。

> 「ママは自転車で楽しくお出かけ中。姉さんと恋人も走りに行った。メイドとコックも自転車乗り。そしてパパは台所でごはんの支度」
>
> フローラ・トンプソン『ラークライズ』3部作より
> （1939年）

新たな自由

自転車と新たな自由の関係は、広告によってさらに強調された。女性に自転車を宣伝するポスターの多くは、19世紀末の女性の自由と自転車にまつわる議論を利用していた。当時のポスターには、翼のある女性が自転車に乗り飛翔する姿がひんぱんに描かれた。この新たな移動手段が生んだ自由を強調するためである。ある種の女性たちにとって、自転車は政治的自由を求める活動の道具にもなった。自転車に乗る女性のリーダーは、いわゆる「新しい女」であり、政治運動に熱中し、家庭より外で活動し、女性の増大する要求を実現する手段を探していた。この新しい女たちの特徴は、自立心が旺盛で運動好きな点だ。そのためコルセットを脱ぎすててくるぶしより短いスカートをはいて、スポーツに興じたが、その姿から「だらしのない女」と揶揄されることもあった。

16：エルスウィック・スポーツ

自転車でおしゃれに

　女性サイクリストの露出度の高い服装も非難された。たとえば当時流行しはじめていたキュロットスカートもそのひとつだ。そういう服が原因で、女性が男性的なふるまいをするようになったり、もっと悪いことに「同性愛者」になったりするのではないか？　ニューヨーク州チャタヌーガの市長は真剣にそう考え、「街の善良な男性の心の平穏と道徳観を脅かす」ブルマーなどを女性が着用することを法律で禁じた。そうした妨害に直面しても、勇敢な女性たちは自転車に乗ることは自分たちの権利だと考えて、公の場で自転車に乗ることをやめなかった。

　さらに攻撃的な女性は、この男性の偏見に服従することをこばみ、1888年にはイギリスで合理服協会が設立された。これで女性たちはきついコルセットやかさばるスカート、ヒールが高く先のとがった靴を脱ぎすて、実用的な服が着られるようになった。当然これは女性サイクリストにとっても朗報ではあったが、大半はあいかわらずスカートをはいて、過激なフェミニスト運動とは距離を置くようにしていた。一方フランスの女性サイクリストは、政治的メッセージとしての服にも、おしゃれとしての服装にも、さほどこだわらなかったようだ。1868年にすでに屋内レースに参加していた女性もいたが、ミュージックホールの男性客相手にぴっちりした服を着て「ベロシペード嬢」のパフォーマンスを見せる踊り子もおり、こちらはとても女性解放の象徴とは言いがたかった。ラ・ヴィ・パリジャン誌も、自転車がほんとうに女性にふさわしい乗り物なのかと疑問を投げかけている。

　すぐに女性サイクリストは、パリの屋内競技場を飛び出して、当時のいわゆるきわどい服に身を包んで通りを走りはじめた。そしてサイクリング用の服がじつはシックでモダンだということに気づく。当時の記事はこのように称している。「安全型自転車は女性の人生の節目ふしめで高まる欲求を満たしてくれる。社会階級は無関係で、だれでも手がとどく。金銭的に余裕のある人もそうでない人も、この人気のある健康的な運動を楽しむ機会をあたえられている」

自転車にふさわしいおしゃれな服装とは。男性にとっても女性にとっても大きな問題になりつつあった。

レースに参加する女性

　自転車レースは、アメリカやイギリスでは盛んではなかったものの、女性も1880年代なかばからすでにレースに参加していた。だが、自転車関連のメディアの反応は非常に厳しく、1892年末には、ロンドンのサイクリング誌が女性レーサーを批判する記事を掲載した。それから1年とたたないうちに、16歳のデビー・レノルズがブライトンからロンドンまで193キロを自転車で走り、8時間半で戻ってきた。レノルズが着ていたのは「合理服」だったので、ふたたびサイクリング誌が酷評した。彼女はお手軽に英雄になったが、じつは服装改革の犠牲者であり、結局は女性解放のために利用されただけだ、という論調だった。

　やがて女性サイクリストは黙認されるようになるが、ただし男性と競うことは禁じられ、1日に乗る時間も4時間までと制限された。そんな逆境のなか、1895年にはロンドンで女性初の6日間レースが開催され、16歳のモニカ・ハーウッドが690キロを走り優勝した。アメリカでも、1895年と1896年に、女性チャンピオンのフランキー・ネルソンがニューヨーク版6日間レースで「6日間レースの女王」のタイトルを獲得した。しかし、女性による自転車世界一周は、1894年にすでになしとげられている。同じアメリカ人女性、アニー・コプチョフスキーがその人だ。アニーが挑戦することになったのは、ボストンの裕福なクラブメンバー2人が、トマス・スティーヴンズ（この10年前に自転車による初の世界一周を成功させていた）にかなう女性がいるかどうか賭けをしたためだ。アニーの旅を追うと、女性の服装の変遷をたどっているかのようだ。スカートとブラウスで出発し、途中でブルマーに着替え、残りの旅の大半は男性用ズボンをはいていたのだ。作家のジョン・ゴールズワージーが自転車に乗る女性に感銘を受けたことはつぎの言葉からも明らかである。「自転車は、（中略）チャールズ2世以来の、礼儀や道徳にまつわる変化になによりも責任がある。自転車の影響で、多かれ少なかれ、デートのお目付役は自信を喪失した。長く窮屈なスカートときついコルセットを身に着け、髪をおろし、黒いストッキングに包まれた足首は太く、大きな帽子をかぶった、不道徳をおそれる上品な淑女たちのことだ。自転車の影響で、多かれ少なかれ、週末は華やかさがあふれるようになった。強い精神と強い脚、強い言葉をもち、たっぷりしたズボンをはき、服装の知識と森や牧草地の知識をあわせもち、男女平等を唱え、じょうぶな体と専門的な仕事をもっている女性たちを見かけるようになったからだ。ひと言でいうと、女性が解放されたのである」

スピードに乗って。自転車で解放された女性。

「自転車は、（中略）チャールズ2世以来の、礼儀や道徳にまつわる変化になによりも責任がある」

ジョン・ゴールズワージー
（1930年）

16：エルスウィック・スポーツ

17：ルーカス・ランプ
夜道を照らす

　最初の自転車が登場したとき、夜間に道路を照らす手段はろうそくを入れたランタンだけだった。しかしごくかぎられた範囲しか明るくならなかったので、乗り手にはほとんど役に立たなかった。オイル・ランプが使われるようになって状況が改善され、1870年代にオーディナリが人気になるころには、オイル・ランプはあらゆる自転車の前輪に標準装備されていた。

製作年：1880年

製作者：
　ルーカス

製作地：
　ホックリー

　1896年、カーバイド・ランプが誕生すると、自転車の照明はふたたび劇的に進化した。その後1923年に松下幸之助が信頼性の高い自転車用電池式ライトを開発するまで、夜間の自転車の視界はこのガス式ランプで確保されたのである。カーバイドと水を反応させ、その過程で発生するアセチレンガスを利用する仕組みで、のちに初期の自動車のライトでも使われるようになる。

　カーバイド・ランプの光は明るかったが、問題はメンテナンスが欠かせないことだった。これがわずらわしかったのか、1890年代に電池式ライトが出はじめると、サイクリストは大喜びだった。明るさもさることながら、性能もよかったためである。

ルーカスの光るアイディア

ルーカス・ランプの登場で、夜道も安全に走れるようになった。

　自転車ライトの発展は、エドワード・サルスベリーらに負うところが大きい。サルスベリーは、1876年にパラフィンや石油を利用したランプを発明したと主張している。だが自転車用ライトでもっとも名前が知られているのは、ジョーゼフ・ルーカスだ。彼の会社の製品は現在も世界中で人気がある。1872年、ルーカスはバーミンガム近郊のホックリーに家庭用ランプを販売する会社を設立した。1879年にはみずから特許をとってオイル・ランプをつくりはじめ、それに続いて夜間の自転車走行をより安全に、より明るくするさまざまなタイプのライトも製造した。

72　図説自転車の歴史

ルーカスがほかより抜きんでていたのは、軸受けの発明だった。そのおかげで自転車の前輪が動いていても、ランプがぐらつくことがなくなった。とりつけが簡単なことも、ルーカス・ランプの人気の理由だろう。2つに分解して前輪のスポークにくぐらせ、固定場所に置いたら、2つの部品をハブ越しにかちっととめるだけで完了だ。もうひとつの特徴は、らせん状の灯心ホルダーで、これで灯心の長さと炎の調節が容易になり、燃料の節約にもなった。

　安全自転車の登場にあわせて、ルーカスはのちにもっとも有名なモデルとなる「シルバー・キング」シリーズを開発した。キング型は競合製品より美しく、手入れも簡単で、ハンドルの正面にとりつけられる。悪路での衝撃に耐えられるように、スプリング付きの棒を2本利用していた。ランプ需要は右肩上がりだったので、ルーカスの会社は続々と新商品を世に送り、女性サイクリスト向けの「マイクロフォト」も開発する。製品や部品だけではなく、ランプ用の燃料も用意し、顧客には汚れの少ないルーカス社のオイルだけを使うように勧めた。その名も「ブライターンホワイト」だ。このほかにも、自社のランプ用にさまざまなサイズの灯心もつくった。

小型化され、デザインも洗練されたカーバイド・ランプ。

電池のおかげでより信頼性の高いライトが生まれた。

照明と法律

　さまざまな国の照明関連の法規は、自転車用ランプの発展と足なみをそろえてきたが、日没後の照明使用を求めるものばかりではなかった。イギリスでは、法律によって後部ライトの使用が義務づけられそうになったが、サイクリストのグループが水際で阻止し、相手に衝突する前に確実に止まるという乗り手の責任を明確にすることで妥協した。

17：ルーカス・ランプ　73

オイル・ランプから発電機へ

　ランプ技術は発展しつづけたが、1891年頃から空気タイヤの増加にともない路面状況が改善されるにつれて、大きな衝撃に耐えうるランプをつくる必要はなくなった。4年間のあいだにあらゆる自転車ランプメーカーがより小さいモデルをつくりはじめ、1895年からは、増える一方の熱心なサイクリストに小型オイル・ランプが提供されるようになった。

　そんな折り、1890年代にはじめて電池式ライトが登場する。初期の電池式ライトは鉛蓄電池を使うのが一般的だった。それが徐々に発達し、自転車用ライトに使用される鉛蓄電池は新型の電池にとって代わられる。それが充電式乾電池だ。充電池には、鉛蓄電池より小型で長もちするという利点があった。

　つぎの進歩は、発電機の発明だった。自転車の走行で生まれるエネルギーを利用する仕組みだ。発電式ライトは、当時とても実用的だったため、発売と同時に人気商品になった。電池式の場合、電池の容量が非常に小さいため、乗り手はしばしば夜道で電池切れの憂き目にあっていたのだ。その後、容量の大きいアルカリ電池が発明されると、交換可能な乾電池ライトも復興をとげる。

　自転車用ライトで発達したのは、電源だけではない。プラスチックの成型技術の向上で、自転車用ライトのレンズも低価格になり、性能もよくなった。光源にむだがなくなり、ピントの合った光を効果的に出せ

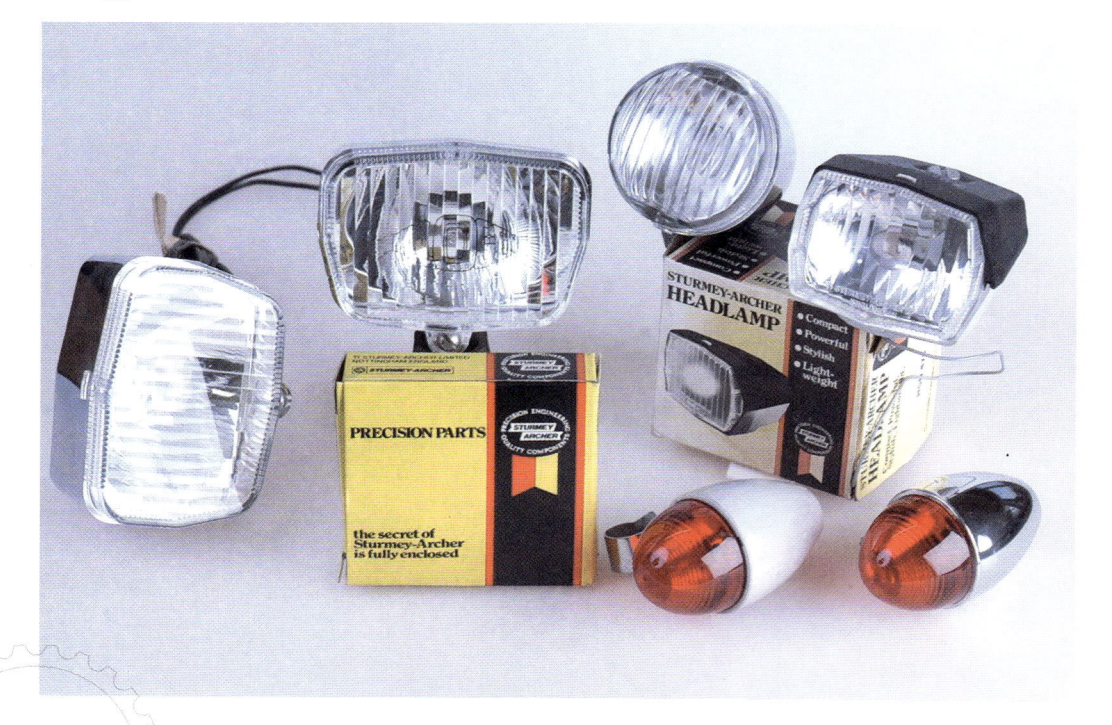

自転車用のライトは種類も増え、たえず改良されてきた。

DYNOHUB

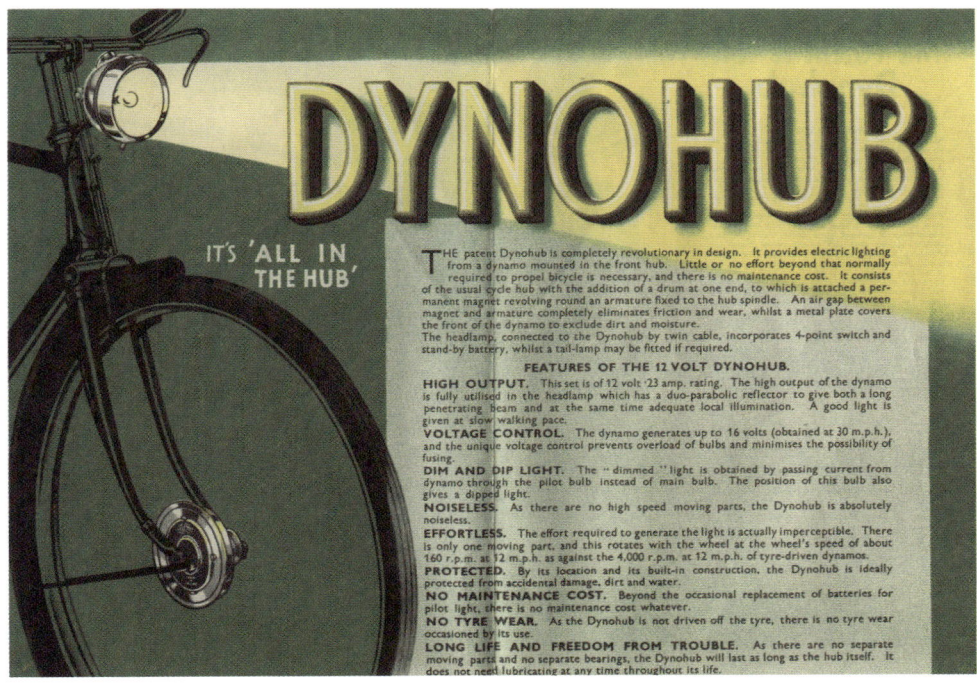

IT'S 'ALL IN THE HUB'

THE patent Dynohub is completely revolutionary in design. It provides electric lighting from a dynamo mounted in the front hub. Little or no effort beyond that normally required to propel bicycle is necessary, and there is no maintenance cost. It consists of the usual cycle hub with the addition of a drum at one end, to which is attached a permanent magnet revolving round an armature fixed to the hub spindle. An air gap between magnet and armature completely eliminates friction and wear, whilst a metal plate covers the front of the dynamo to exclude dirt and moisture.
The headlamp, connected to the Dynohub by twin cable, incorporates 4-point switch and stand-by battery, whilst a tail-lamp may be fitted if required.

FEATURES OF THE 12 VOLT DYNOHUB.

HIGH OUTPUT. This set is of 12 volt .23 amp. rating. The high output of the dynamo is fully utilised in the headlamp which has a duo-parabolic reflector to give both a long penetrating beam and at the same time adequate local illumination. A good light is given at slow walking pace.
VOLTAGE CONTROL. The dynamo generates up to 16 volts (obtained at 30 m.p.h.), and the unique voltage control prevents overload of bulbs and minimises the possibility of fusing.
DIM AND DIP LIGHT. The "dimmed" light is obtained by passing current from dynamo through the pilot bulb instead of main bulb. The position of this bulb also gives a dipped light.
NOISELESS. As there are no high speed moving parts, the Dynohub is absolutely noiseless.
EFFORTLESS. The effort required to generate the light is actually imperceptible. There is only one moving part, and this rotates with the wheel at the wheel's speed of about 160 r.p.m. at 12 m.p.h. as against the 4,000 r.p.m. at 12 m.p.h. of tyre-driven dynamos.
PROTECTED. By its location and its built-in construction, the Dynohub is ideally protected from accidental damage, dirt and water.
NO MAINTENANCE COST. Beyond the occasional replacement of batteries for pilot light, there is no maintenance cost whatever.
NO TYRE WEAR. As the Dynohub is not driven off the tyre, there is no tyre wear occasioned by its use.
LONG LIFE AND FREEDOM FROM TROUBLE. As there are no separate moving parts and no separate bearings, the Dynohub will last as long as the hub itself. It does not need lubricating at any time throughout its life.

自転車用ライトは競争の激しいビジネスだったので、技術面の解説は非常に重要だった。

　るようになった。
　1980年代、ライト市場は世界規模に広がりはじめた。ヨーロッパでは、フランスの「ワンダー・ライト」と「エバー・レディ」ブランドが、アメリカや日本、ドイツの製品に押されて徐々に姿を消した。自転車用ライト産業は、現在も発展が続いている。発電機はさらに効率がよくなり、高輝度のハロゲンランプ、発光ダイオード（LEDライト）、高輝度放電ライトが自転車用ライトの質と容量を向上させた。
　LEDライトの人気が高まり、ここ20年間で価格も下がったため、高性能で安全な自転車用ライトがますます手に入れやすくなった。10年前のライトは、強・中・弱のセッティングで、重たいニッケル水素電池のバッテリーパック付き、100ルーメンほどの明るさしかないのに高額だった。現在は最新式で重さが約半分のLEDライトが安価で手に入り、しかも日中や夕方に乗る通勤者の安全のために点滅機能も搭載されている。

「1890年代の現代、自転車がなければ何もはじまらない」

アメリカ人作家、スティーヴン・クレイン
（1896年）

17：ルーカス・ランプ　75

18：ダーズリー・ペダーセン
奇抜なデザイン

　ミカエル・ペダーセンは、19世紀屈指の前衛的デザイナーだった。彼の自転車は奇抜ではあるが、自転車の歴史にしっかりとその名をきざんでいる。1855年、デンマークに生まれたペダーセンは、創造性と想像力、才能、そして向上心に満ちたユニークな人物で、機械学の知識や技術もあったため、さまざまなアイディアを実用化することができた。しかし、頑固で気まぐれな個性が仇となり、法的、財政的争いにまきこまれ、彼の才能に見あう商業的成功は遠のいた。

製作年：1897年

製作者：
　ペダーセン

製作地：
　ダーズリー

　ペダーセンの夢は、この世に2つとない自転車をつくることだった。その実現のために、1893年、イギリスのグロスター州ダーズリーに移住した。翌年、新型自転車のデザインで特許を認められ、数々の斬新な特徴をもつ自転車をつくりあげた。たとえばにぎりが上向きで低めにとりつけられたハンドル、いわゆる「カウホーン」は、ペダーセンに言わせると足をのせて休ませるための形らしい。初期の試作品は木製だったが、1896年までに金属接合の方法を確立し、また特許を取得した。このフレームはハンモック状のサドルがフロントとリアのあいだに張り渡されるという斬新なデザインで、とても個性的だ。

奇抜だが美しいデザイン。アイコン的ダーズリー・ペダーセン。

図説自転車の歴史

奇抜なデザイン

　ペダーセン自転車のようなデザインは、この世に2つとない。それほど奇抜なデザインなのだ。最大の横剛性を得るために、本体はいくつもの三角形の組みあわせで構成され、各三角形の先端部で主応力が吸収されるようにできている。その結果、フレームすべての管が受ける影響は、圧縮応力のみだ。ハンモック状のサドルは、ふたつの三角フレームのあいだにぶら下がっている。ペダーセンは自転車の仕上げに機械設計と同じくらい気を配った。ベーシックなモデルを完璧な出来にするためにつけた付属品のなかには、ゴルフバッグや猟銃バッグのキャリア、さまざまなバッグ入れなどもあった。会社は、女性サイクリストのしとやかさを守るというふれこみで、ペダーセン・デザインの足首まで隠れるキュロットまで販売した。ボールベアリングを組み入れたヘッドセットや調整可能なハンドルといった発明品をとりいれて、技術的には市場でトップの座についた。

　資金援助が必要だったペダーセンは、イギリスでもっともカリスマ性のある資本家にして山師、アーネスト・フーリーとかかわるようになった。ふたりはペダーセン・サイクル・フレーム・カンパニーを設立する。
　成功を確信したペダーセンは、自分の新型デザインをライセンス生産するようほかの自転車メーカーを説き伏せた。1897年のナショナル・サイクル・ショーでは、すくなくとも6社がペダーセン自転車の自社バージョンをオリジナル・モデルとともに展示している。しかしその直後に最初のつまずきに襲われた。自転車業界紙がペダーセンのデザインにあまり感銘を受けなかったばかりか酷評したため、わずかな注文しか入らなかったのだ。
　これに対してペダーセンは、R・A・リスターの手をかりて新たな会社、ダーズリー・ペダーセン・サイクル・カンパニーを設立し、みずから自転車製造にのりだした。成功のためにはパフォーマンス向上が鍵だと考えたすえに生まれたのが、超軽量のレーシング用自転車だ。軽量化のためにごく薄い管材や、61センチの木製リムのホイールを使い、部品にもドリルで穴を開ける徹底ぶりだった。この自転車は現存し、重量は5キロ以下だといわれている。この奇抜な自転車がレースで勝ちはじめ、スピード記録を更新すると、業界紙もペダーセン自転車を好意的に見るようになった。
　自転車デザイナーとしてはめずらしく、ペダーセンはフレーム本体同様に、シートのデザインにもこだわりを見せた。サイクリング愛好家で、つねづね安全型自転車のサドルに不満を感じていたので、ハンモック形という驚くべきサド

完璧な通気性を実現した網状サドル。

© Colin Kirsch, www.OldBike.eu/museum

18：ダーズリー・ペダーセン　77

街角のペダーセン自転車。
直立形の個性的な姿は、
ひと目でわかる。

本体に負けずおとらず個性
的なサドル。

ルを設計、製造した。40メートルのひもを編んだシートが、ハンドルバーとリアフレームのあいだに張り渡されているのだ。長距離を走っても快適に座れるように柔らかく、体の動きに合わせるようにできていた。のちの広告では「完璧な通気性」があるとうたわれた。しかしこのサドルが従来の安全型自転車には適合しないとわかると、ペダーセンは新しい複雑な三角形フレームのデザインに着手した。軸経の小さい管材を使った、強度が2倍のフレームだ。これは1847年以来鉄道橋で使われているホイップル＝マーフィー・トラス構造にヒントを得たといわれている。

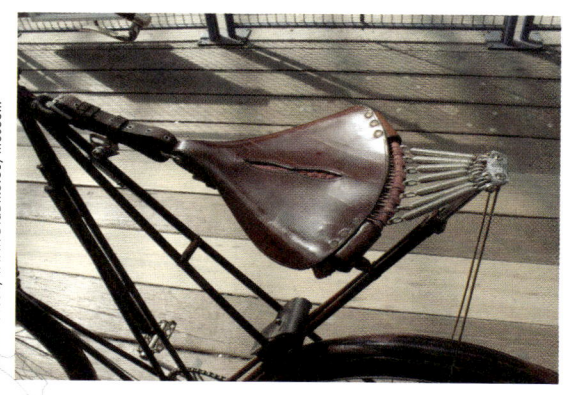

　紙上の評判もよく、買い手の興味を引くことができたため、ペダーセン自転車の売り上げは劇的に伸びた。絶頂期には、会社は50人以上を雇用し、1週間に30台以上の自転車を製造したそうだ。その後ペダーセンはさまざまな自転車をつくりはじめた。タンデム、トライシクル、クワドリサイクル、初期の折りたたみ式自転車まであった。いまや8種類のフレームサイズが商品化され、どれもエナメルコーティングで、ニッケルメッキや色が選べるモデルもあった。

ダーズリー・ペダーセン・サイクル・カンパニーの凋落

　1903年、ペダーセンはふたたびトラブルにまきこまれる。野心的なデザインが生産能力を超えたのだ。その年の製品カタログには、中間軸原理にもとづいた3段変速ハブが掲載されていたが、あろうことか、その摩擦クラッチが不良品で使えないことが判明したのだ。この期におよんでペダーセンは設計変更を頑としてこばんだため、不良品自転車の在庫を抱え、受注分を生産できなくなった。その結果会社は倒産し、2年後に、ペダーセンを財政的に援助していたR・A・リスターに安価で売却された。

　新たなオーナーらは、欠陥品のクラッチデザインは修正したが、あまり評判のよくない卵形のハブフランジはそのまま残した。ダーズリー・ペダーセン自転車とペダーセン型ハブギアは生産が続けられたが、ペダーセン自身は製造に関与せず、特許権を会社にゆずって自身の発明品の管理から手を引くことを余儀なくされた。悲しいことに、前途有望だったペダーセン自転車の時代は終わりを告げ、1917年に生産が終了した。実際に生産されたのは、わずか8000台ほどだったと考えられている。第1次大戦中、自転車製造は衰退し、ペダーセンへのライセンス料は未払いのままになり、ビジネスセンスがとぼしかったために支払いもだましとられた。アルコール量が増え、結婚生活も破綻し、健康もそこなったペダーセンは、1920年にデンマークに戻って生活保護を受けるようになったのである。

戦争の影響で、ペダーセン自転車の売れ行きは第1次大戦中に急降下した。

　ダーズリー・ペダーセン自転車は、高価で、好みの分かれるいっぷう変わったデザインだったが、新たな概念への橋渡しをしたのは、まちがいなく彼の自転車だった。ペダーセンが生産されたのは、乗るのがむずかしいオーディナリ型自転車に代わってチェーン駆動の小さめの車輪の安全型が登場した時期だったが、いまでは見慣れたダイヤモンド・フレームはまだ一般的ではなかった。その三角形フレームの概念が独創的だったので、ほかの製造業者がデザインを引き継いだ。ペダーセンはオートバイ用3段変速ハブの開発に転向したが、ハブ設計が商業的成功をおさめることはなかった。彼のデザインが再評価されたのは、イェスパー・ソリングがペダーセンのフレームを復活させた1978年のことである。

革新的なデザイナーをたたえて

　1世紀以上たった現在も、ペダーセンの独自のデザインは、大量生産品が主流の世界で職人技の見本となっている。ペダーセンは貧困のうちにデンマークで亡くなったが、彼の評判はいまも生きているのだ。2003年、彼の遺体はダーズリーに戻され、300人以上の人々が見守るなか埋葬されなおした。彼らはみな、ペダーセンの才能とサイクリングの歴史への貢献に惚れこんだ人々だった。

19：モルヴァーン・スター
オーストラリア横断

　19世紀以来、オーストラリア国民はサイクリングというスポーツに特別な気持ちをいだいてきた。ベロシペードの発明に続き、1869年には初の自転車レースがメルボルン・クリケット競技場（MCG）で開催され、女性選手も数多く参加した。1875年に最初のハイホイーラーがメルボルンに輸入されると、3年後にはメルボルン自転車クラブが創設され、オーストラリアのサイクリング・スポーツの中心となった。初期の自転車はすべてイギリスからの輸入だったが、すぐにオーストラリア製の自転車が市場に出まわりはじめる。オーストラルとモルヴァーン・スターもそのひとつだった。

製作年：**1900年**

製作者：
フィネガン

製作地：
メルボルン

　モルヴァーン・スターは、1898年のオーストラル・ホイール・レースの優勝賞金（240ソヴリン金貨）でビジネスをはじめた自転車選手、トム・フィネガンの自転車だ。フィネガンはツーリング用とレーシング用のモデルにしぼって製造し、モルヴァーン・スターと名づけた。フィネガンの成功は、オーストラリアの有名選手、ドン・カーカムによるところが大きい。フィネガンのブランドロゴである六芒星は、カーカムの前腕のタトゥーと同じデザインだったため、モルヴァーン・スターはすぐにオーストラリアのサイクリストに知られるようになった。

　1860年代のオーストラリアでは、男性に負けずおとらず女性も自転車に夢中だった。1869年に初のベロシペード・レースがMCGで開催されてからわずか数カ月で、オーストラレジアン紙には多くの女性が数々の自転車レースに参加したとの記事が掲載されている。そういう

1925年頃のモルヴァーン・スター。オーストラリア大陸でもっとも有名な自転車である。

レースは、地方の運動競技会として開催されたものだった。まもなく MCG のオーストラル・ホイール・レースは、年に1度のサイクリングの祭典となった。毎年恒例のこの大会では、1886〜1910 年にかけて多額の賞金が参加選手にあたえられた。だがメルボルン・クリケット・クラブの多くのメンバーはぞっとした。その大会が世界中のプロ選手ばかりか、賭けの胴元をも惹きつけはじめたためである。由緒正しいクリケット競技場が、自転車レースのときだけはまるで競馬場のような雰囲気だった。オーストラルの開催は夏だったが、サイクリング自体は通年のレジャーであり、社会のさまざまな団体が後援していた。

1884 年には、アルフ・エドワードがシドニー・メルボルン間の初の自転車走破に挑戦し、およそ 9 日間かけて走りきった。オーディナリ型に乗る女性もいたが、1885 年に女性だけのトライシクル・レースがサウスオーストラリアで開催されると、女性とサイクリングにまつわる長年の問題も議論の的になった。

1895 年には早くも安全型自転車の人気が頂点に達していた。みな比較的安価なこの新型の自転車を、仕事にも余暇にも活用していたのだ。とくにメルボルンでは、自転車の魅力はいつまでもおとろえなかった。メルボルン・パンチ誌は、街では交通渋滞が激化しているのでいずれ地下に自転車専用道路をつくらなければならないだろうと示唆した。新型の自転車はとても速いので、サイクリストはけがをしたり他人にけがをさせたりするリスクをおかしているというのがその理由だ。

自転車人気は儲けになると気づいたのか、起業家も増えた。自転車とは直接関係のない既存のビジネス（書店やピアノ販売など）が、特定ブランドの代理人になることが一般的だった。オーストラリア初の純国産

自転車でロマンス。オーストラリアのモルヴァーン・スターで仲よくサイクリングするカップル。

サイクリングに熱中する国

オーストラリア人のサイクリング熱は、さまざまな形で現れた。自転車を新たな国の紋章にするべきだとの記事を掲載した新聞もあった。数ある案のなかで印象的だったのは、伝統的なカンガルーとエミューに替わって空気タイヤが左右に立ち、安全型自転車が日の出を背景にシルエットで描かれているデザインだ。その下には「先進国オーストラリア」との言葉が書かれている。新型自転車をたたえる歌をつくる愛好家も多く、1896 年にジョーゼフ・ジーが書いた「わたしの自転車」もその例だ。自転車雑誌も編集され、オーストラリアン・サイクリスト誌は 1893 年 9 月 7 日の創刊号で「自転車が結ぶ絆」に言及し、自転車のありとあらゆる面を熱狂的に売りこみはじめた。

オーストラリアでもっとも有名な自転車、モルヴァーン・スターの特徴的なフレーム装飾。

ブランドは、スピードウェルだ。1882年にチャールズ・W・ベネットとチャールズ・R・ウッドがシドニーに設立したベネット・アンド・ウッドの製品である。ふたりともハイホイーラーの長年の愛好家で、レーサーでもあった。シドニーを中心に数々の自転車レースに参加するようになり、その後自転車ショップを開いた。最初はローバーやラレーといった自転車を輸入販売していたが、初期の安全型自転車の人気が出ると、ベネット・アンド・ウッドはオーストラリアでその新型自転車をはじめて売りはじめた会社のひとつとなった。ビジネスは順調に成長した。

20世紀初頭、ベネット・アンド・ウッドはスピードウェルというオリジナル自転車を製造し、最高品質の自転車というふれこみのロイヤル・スピードウェルともども販売した。

オーストラリアの自転車レース

20世紀前半、オーストラリアではトラックレースと24時間耐久レースの開催予定でカレンダーが埋めつくされていた。トラックレースは大人気で、数千人の観客が間近でレースを見ようと木製トラックの自転車競技場につめかけた。ラジオやテレビがなかった時代なので競技場は大勢の観客を集めたが、一方で長距離レースも盛んだった。1895年に初開催されたメルボルン・ウォーナンブール間のレースは、世界初にしてもっとも長く続いている24時間耐久レースだ。このほかに現在も残っているのは、ニューサウスウェールズ州のゴールバーンからシドニー、グラフトンからインベレルのレースがある。

20世紀に入り、ツール・ド・フランスがはじまると、オーストラリア人選手も参加した。オーストラリア人選手第1号はドン・カーカムで、1914年のことだ。その14年後の1928年、「オッピー」ことヒューバート・

オリンピック・チャンピオン

オーストラリアでは、女性サイクリストが自転車人気に大いに貢献してきた。オーストラリア人女性は6回のオリンピックでロードレースを走り、2回金メダルを獲得している。オリンピックのロードレース初の金メダルは、1992年のバルセロナ大会でキャシー・ワットが獲得し、2004年のアテネ大会ではサラ・キャリガンがふたたびオーストラリアに優勝の栄誉をもたらした。ワットはコロンビアで2005年に開催されたタイムトライアルで3位に入り、ロード世界選手権でオーストラリア初となる銅メダルを獲得している。

オッパーマンがオーストラリア人ばかりのチームを率いてツール・ド・フランスに参加した。オッピーは18位でゴールし、ステージ3位の成績をおさめた。何年ものあいだ、多くのオーストラリア人選手がヨーロッパへ渡りその世界一有名なレースに参加したが、1981年までオーストラリア人が個人総合優勝の証であるマイヨ・ジョーヌ（黄色のジャージ）を着ることはなかった。ヨーロッパでは「スキッピー」とよばれるフィル・アンダーソンが、のちに新人賞と総合10位を獲得している。アンダーソンは、ラグビーとクリケットが大好きなオーストラリア人にはなじみの薄いスポーツに取り組み、海外でキャリアを積んだオーストラリア人グループのひとりだ。

　オーストラリアでは、ヨーロッパ式のステージ・レースの歴史はもっと浅い。1930年代にヴィクトリア植民地100周年記念行事の一環として、1000マイル（約1600キロ）ロードレースが開催された。その頃ヒューバート・オッパーマンはヨーロッパを拠点に活動していたが、レースに招待された。彼は海外レースに挑戦する前に、メルボルン・ウォーナンブールのレースで1920年代に3回も記録を樹立していた。これら初期のサイクリストが先例をつくったことで、のちにフィル・アンダーソンやキャシー・ワット、カデル・エヴァンズなどのオーストラリア人サイクリストが国際舞台で活躍することになるのである。

「レースで勝てるようになる前に、完走することを学ばなければならない」

オーストラリアの自転車チャンピオン、ラッセル・モックリッジ（1932年）

ヒューバート・オッパーマンは、オーストラリア初にして最高の自転車レース・チャンピオンだったといえるだろう。

19：モルヴァーン・スター

20：フランセーズ・ディアマン
初のツール・ド・フランス

　1903年、第1回ツール・ド・フランスの優勝は、開催地にふさわしくフランス製の自転車が飾った。フランセーズ・ディアマンである。ヘッドにトリコロールをあしらった黒い車体に乗っていたのは、当時のチャンピオンのひとり、モリス・ガランだった。フランセーズ社は1890年にピエール＝ヴィクトル・ベッセとフランシス・トレピエがソシエテ・ラ・フランセーズとして設立し、パリのサン・フェルディナン通り27番地でベロシペードやその部品を製造していた会社だ。初開催のツールで、フランセーズは8人の選手のスポンサーとなり、1～5位までの選手全員がフランセーズ製自転車に乗っていた。

製作年：1903年

製作者：
フランセーズ

製作地：
パリ

　第1回ツール・ド・フランスで使われた自転車は、どれも似たようなデザインで、フランセーズ・ディアマンのようにスチール製のフレームにハンドルバー、木製のホイールリム、大きなバルーンタイヤという装備が主流だった。ブレーキは非常に単純で、レバーを引くと連結した鉄製のロッドが革パッドを直接タイヤの踏み面に押しつける仕組みだ。車体は現在の基準に照らすと重く、15キロ以上あった。どの自転車も変速ギアは1段だけだった。いや、実際は2段だったのだが、ギアチェンジをするためには自転車を止めてリアホイールをはずし、別のスプロケットにチェーンをかけなおさなければならなかった。

誕生のきっかけはスキャンダル

　ツール・ド・フランスの誕生物語は、その長い歴史で激闘がくりひろげられてきた各ステージのごとく劇的だ。間接的ではあるが、19世紀最大ともいえる政治スキャンダルがスポーツイベントの最高峰を誕生させることになったとは、大きな皮肉である。1899年、人気の自転車紙、ル・ヴェロがドレフュス大尉を擁護する記事をのせた。ドレフュス大尉はフランス人将校で、のちに冤罪と判明するスパイ容疑で逮捕されたのだ。自動車製造業者のジュール＝アルベール・ド・ディオン伯爵は、ドレフュスは有罪であると確信していた。あるとき、ドレフュスをめぐる議論が白熱し、ディオンはル・ヴェロのフランス人社長の頭を杖で殴った。これにより15日間収監され、100フランの罰金を支払った。ディオンはル・ヴェロの有力な広告主でもあったので、クレマンやミシュランといったほかのメーカーにも働きかけ、すべての広告を引きあげた。

　それからディオンは、ル・ヴェロのライバルになることをめざして、ロトというスポーツ専門紙を発行しはじめる。自転車記事に力点を置き、紙面の色もル・ヴェロの緑に対抗して、のちに伝説となる黄色い紙を使う念の入れようだった。編集長には1893年に樹立されたアワーレコード（1時間レース）の世界記録保持者、アンリ・デグランジュを迎えた。

　ロト紙の売り上げは1日8万部と上々のスタートをきったが、ル・ヴェロとの競争は激しく、すぐに急降下しはじめる。部数を伸ばすために必死のデグランジュは、1902年11月、ル・ヴェロから引き抜いた自転車記事ライター、ゲオ・ルフェーヴルとパリのレストランでランチをともにした。ルフェーヴルは売り上げを伸ばす方法を助言し、こう話したとされている。「どのレースよりも日数のかかる長距離レースを主催すればいい。たとえば6日間レースを、競技場ではなくロードでやるんだ。大きな街をルートに入れれば選手は歓迎されるだろう」。デグランジュはこう応じた。「まさにフランス一周レース（ツール・ド・フランス）だな」。これは荒唐無稽な話ではなかった。フランスでは「自転車競技場」のトラックレース以外にも、パリからウィーンやサンクトペテルブルク、パリからローマなどの長距離ロードレースがすでに確立していたからだ。

左ページ：
過去の傑作、フランセーズ・ディアマンの古びた車体。

アルフレド・ドレフュス大尉。彼が有罪か無罪かをめぐる大論争がツール・ド・フランスを生んだ。

第1回ツール・ド・フランス開催を告げるポスター。

20：フランセーズ・ディアマン　85

初回ツール・ド・フランスの計画

　第1回ツール・ド・フランスは1903年に開催された。19日間、全6ステージで、パリからリヨン、マルセイユ、トゥールーズ、ボルドー、ナント、そしてパリへ戻る行程だ。現代のステージ・レースと比較すると、各ステージが平均400キロとけたはずれに長い。ちなみに現在は1ステージ平均171キロだ。どのステージもとにかく長距離なので、ファースト・ステージ以外は夜明け前に、最終ステージにいたっては前日の夜9時にスタートした。しかしステージとステージのあいだには、1〜3日間の休養日がとられていた。現代のツールとは違い、ルートは比較的平坦で、山岳ステージは1つだけだった。初回のルートにふくまれていた低めの峠のなかで、最初に現れたのがパリからリヨンへのオープニング・ステージにあるコル・デ・ゼシャルモー（712メートル）、つぎはリヨンからマルセイユのステージ途中のコル・デ・ラ・リパブリケ（1161メートル）だった。

　フランスの田舎をめぐる道は、悪夢のようだった。ハンマーで砕いた石を敷きつめた砂利道ならいいほうで、荷車のわだちや家畜の足跡ででこぼこの田舎道を480キロ近くも走らなければならないのだ。天候によっては耐久レースの様相も呈した。暑いときは路面が鉄のように固くなり、むせかえるほどの砂ぼこりが立ちこめたが、雨が降ると一転、道が泥の海と化した。

　競技はチームレースではなく個人レースで、全コースの参加費は10フラン、1ステージ単独の参加費は5フランだった。第1回ツールのスタートラインにならんだ選手は、60人。ほとんどがプロやセミプロだった。内訳はフランス人が49人、ベルギー人が4人、スイス人4人、ドイツ人2人、そしてイタリア人が1人だった。その3分の1の選手に自転車メーカーのスポンサーがついていた一方で、資金援助をまったく受けていない参加者も39人いた。このほかに24人の選手が1ステージ単独の参加だった。スタート前からお祭り騒ぎで、選手より2時間も早く、広告で飾られた車列が見物人に企業の無料サンプルを配りながら通過していた。

　プロ選手の場合、レースのあいだ先頭を走るペースメーカーを雇うのがあたりまえだった時代に、デグランジュはペースメーカーを禁止したので、大勢の選手の不評をかった。さらにデグランジュは世話係を雇い、近道をする者が出ないように選手を監視させた。ステージ勝者の証であ

第1回ツールの優勝者、モリス・ガランの疲労困憊した姿とそのチーム。

るマイヨ・ジョーヌ（黄色いジャージ）はまだなく、緑色のアームバンドを着けただけだったが、ステージ優勝の栄誉をたたえて50～1500フランの賞金があたえられた。最終的には総合順位1位から14位までの選手に賞金が授与され、優勝の賞金は3000フラン、14位の賞金は25フランだった。残り7人の完走者は、レース期間の19日間1日につき5フランの95フランを受けとった。その支払いは、過去のレースで200フラン以上の賞金を受けとったことがなく、かつ各ステージの平均時速が20キロを切らなかった選手にかぎられていた。

ついにつかんだ勝利。モリス・ガランはパリに入り、世界最高峰のロードレースで歴史的勝利をおさめる。

現在のレースとは違い、途中棄権した選手も、総合順位の対象にはならなかったもののつぎのステージで再スタートすることができた。そのため、ファースト・ステージで棄権したイポリト・オクテュリエ選手は、レースに戻って第2、第3ステージを制した。第4ステージ勝者、チャールズ・レーザーも、第3ステージを完走していない。ステージとステージのあいだには、1～3日の休養日がはさまれていたが、これはトップを走る選手たちの疲労回復のためでもあり、遅れ気味の選手を完走させるためでもあった。ファースト・ステージ最後尾の選手は、あと10時間で丸2日間コース上にいた計算だ。

厳しいレースだということは、だれもが認識していた。参加申し込みをした選手は78人で、自分の地元のコースだけを走った選手もいた。スタート地点には、名のあるスター選手もいれば、ここでチャンスをつかもうとする者たちもいた。プロの選手は賞金めあての荒くれ者とみなされていたため、匿名で参加している選手もいた。名家の出で、本名を知られたくない場合もあったようだ。参加者リストでひときわ異彩を放っていたのは、ただの「サムソン」という名前でエントリーしたベルギー人選手だろう。

ルフェーヴルは競技の一部始終を記事にするために、みずから列車と自転車を使ってフランスを一周する1500マイル（約2414キロ）の全行程を追うことにしていた。経費削減のために公式計時係の仕事をしつつ、毎

ツール・ド・フランスのひとこま。バロン・ダルザスの登坂道で前輪を交換するオクテュリエ選手。

20：フランセーズ・ディアマン　87

日ロト紙の記事を書いた。

記憶に残るレース

1903年7月1日午後3時、60人の参加者がモンジュロンのオ・レヴェイユ・マタンというカフェの前に整列した。そこは現在はパリの一画だが、当時は小さな近郊の町だった。カフェは現在もジャン・ジョレス通りにあり、「第1回ツール・ド・フランスのスタート地点」と記された額が外壁に飾られている。前評判が高かったのは「小さな煙突掃除屋さん」とよばれていたモリス・ガランと、イポリト・オクテュリエだった。その予想どおり、ガランは時速35キロで走り、レースを最初からひっぱった。パリを午後なかばに出発した選手たちは、夜になってもペダルをこぎつづけた。のちにガランは、翌朝の8時まではゴールできるとは思えなかったと語っている。夜のあいだにガランのライバルであるオクテュリエが胃痙攣で激痛を起こし、ファースト・ステージを棄権した。

ツール初の規定違反が起こったのは、まさにこのファースト・ステージだった。2年前にパリ〜トゥール・レースで優勝したジャン・フィッシャーが、規定に反しペースメーカーとして車を使っているのを目撃されたのだ。一方、ガランは夜間もリードを保ち、翌朝9時にトップでリヨンにゴールした。

総合順位の対象からは除外されたが、オクテュリエは第2ステージからレースに復帰してそのステージで勝利した。その後も順調に第3ステージを制し、第4ステージでも勝利を手中にしかけたが、空気抵抗を小さくするために車の後ろを走っていたことが発覚し、レースから追放された。そのため第4ステージの勝者はスイス人選手のチャールズ・レーザーとなり、はじめてフランス人以外の選手が勝利をおさめた。

ガランは第5ステージまで総合トップを守り、最大のライバルであるエミール・ジョルジェに約2時間の差をつけていた。ジョルジェは、前後輪がパンクするという不運にみまわれ、さらに疲労に耐えきれず道ば

> 「選手が通過する2時間前になると、みな適当な口実をみつけて道ばたへ出る。疲労で目が落ちくぼんだ（中略）選手の顔を見るために」
>
> ニューヨーク・ワールド紙
> （1903年）

不正は最初から

1904年の第2回ツールでは、不正があたりまえのように行われたので、アンリ・デグランジュはもう二度とレースを主催しないと宣言した。総合優勝のガランは、長距離を列車で移動し失格になった。彼のみならず、2〜4位の選手も、各ステージ優勝の選手も失格になった。1904年のレースで完走した27人のうち、12人が失格となり、1年以上のレース参加禁止、もしくは永久追放になった。結局レースの公認優勝者が決まったのはレース終了の4カ月後で、19歳のアンリ・コルネが栄冠に輝いた。こういった不正は、1990年代なかばのランス・アームストロングにまつわるドーピング・スキャンダルにもつながっているのかもしれない。

88　図説自転車の歴史

初期のツール・ド・フランスでは、選手がワインを飲んで小休止することもめずらしくなかった。

たで眠ってしまい、わずかばかりの勝利の可能性はそこでついえた。ガランはそのステージで勝利し、すでに大きかった差をさらに広げた。

　最終日、ガランはナントからパリの競技場をめざす最終ステージを約3時間のリードでスタートしたが、勝負はもうついているのだから最後は楽に走ろうと、ライバル選手たちに平然と要求したらしい。しかしフェルナン・オージュローはこれに納得せず、ルシアン・ポティエに自転車を投げつけられて倒れた。ほかの選手は騒ぎにかまわずゴールをめざした。ガランは楽々と競技場に入り、記念すべき第1回ツール・ド・フランスの総合優勝を飾った。

　ガランと2位の選手の差は2時間59分31秒で、ツール最大の時間差による勝利として記録に残っている。60人の参加者がフランス、ベルギー、ドイツ、スイス、イタリアから集まりスタートしたが、過酷なレースを完走したのはわずか21人だった。最後の選手はガランから2日遅れでゴールした。初期のレースでは事件もひんぱんに起こった。ガラス片や釘を道路にばらまいて後続の選手をパンクさせる、ライバルに体調が悪くなる飲み物を飲ませる、こっそり車やバイクに牽引してもらう等々だ。ほかの選手に雇われた暴漢に妨害されて後れをとる選手もいた。ともあれツール・ド・フランスは活況を呈し、ロト紙の売れ行きは2倍以上になったが、そのあおりでル・ヴェロは破産したのである。

20：フランセーズ・ディアマン

21：スターメーアーチャー
変速ギア

　レオナルド・ダ・ヴィンチは、15世紀にチェーンと歯車のもととなるアイディアを生んだとされている。しかし、そのアイディアが自転車で実用化されるまで400年近くかかった。チェーン駆動の効率を上げるには、乗り手の脚から後輪へむだなく動力を伝える必要がある。ペダル抵抗が乗り手にとって不快ではない範囲内におさめることも重要だ。これらは木製自転車の時代は不可能なことだった。より強い素材の開発と技術の向上によって実現したのである。

製作年：1902年

製作者：
　スターメーアーチャー

製作地：
　ノッティンガム

　1880年代になると、チェーン駆動があたりまえになっていたが、変速ギアのないチェーン駆動だけでは、平地や下り坂しか効果はない。向かい風や上り坂に立ちむかうときも、立ち乗りでスタートするときも、必死の立ちこぎの努力もむなしく、ペダリングはとても遅いペースだ。変速ギアを搭載すれば、上りでも下りでも快適かつ効率的にペダリングができ、向かい風にも追い風にも対処できる。

ギア装置の到来

　ギア装置が発明されるまで、古いタイプのハイホイーラーのペダルは直接ホイールにとりつけられていた。そのためペダルを1回転させると、車輪も1回転した。ギア装置が登場すると、その割合を変えられるようになった。急勾配のときは、ペダルを数回転させるとタイヤが1回転するギアを選べばいいし、平地や下り坂では、ペダルを1回転させるとタイヤが数回転するギアを選べばいいのだ。これは自転車技術の大きな進歩だった。

坂道の克服。初のハブギアがシングルギアの問題を克服し、サイクリングの効率を格段に上げた。

　しかし、この可変ギアはサイクリング・クラブにはあまり受け入れられなかった。ロードレースではタイヤのパンクに対処するのが忙しく、ギアチェンジのためにスプロケットやチェーンをはずすなど論外だった。トラックレースは熱心なファンの多いスポーツで、ギア比1の車輪固定式ギアが正当だとみなされていたのも一因だろう。長距離レースの場合、一般的な装備では18歯スプロケットに、46歯あるいは47歯チェーンリングを組みあわせていた。しかし山岳レースの場合、あまり知られていないが、急勾配で自転車から降りて押すことはあたりまえで、現在とは違う不名誉なことでもなかった。そうはいっても、経験のある選手は、山岳コースを登る際は最適のギアを選ぶようにしていた。なかにはダブル・フリーホイールをセットする選手もいたが、的確な瞬間を選んで自転車から飛びおり、チェーンをスプロケットから

はずして別のスプロケットにかけなおすには、相当な技術と経験が必要だったのである。

後輪の両側にフリーホイールをとりつける選手も多かったが、とりはずしにはさらなる技術が要求された。ウィングナット（工具を使わずにまわせる蝶ナット）をゆるめ、タイヤの向きを変えてつけなおし、最小限のロスタイムでレースに戻らなければならないのだ。そのような設定では4種のギア比が選べたが、レバーひと押しでギアチェンジというわけにはいかなかった。

> 「フリーホイール。混みあう道を、グリスにまみれて（中略）うろつきたい人だけのもの」
>
> アメリカ人アーティスト、ジョーゼフ・ペネル
> （1912年）

スターメーアーチャーの誕生

新技術であるギア装置最大の進化は、イギリスの自転車製造業者の成功から派生した。1888年、敏腕弁護士フランク・ボーデンがノッティンガムのラレー・バイシクル・カンパニーを買収した。ボーデンがデザインと製造技術の向上に努めた成果で、やがてラレー社はイギリス最大の自転車メーカーになった。1902年、すでに自社製品に効率的なギア装置をつけようと研究を続けていたボーデンは、ヘンリー・スターメーとジェームズ・アーチャーに、とある部品設計の話をもちかけられた。もとは貧しいアイルランド人、ウィリアム・ライリーが考案したハブギアだ。ボーデンはふたりを雇うことにした。スターメーアーチャー・ブランドの誕生である。

スターメーアーチャーはすぐに、ハブギアの一流ブランドとして世界に名をはせ、長年にわたってライバル社の類似製品をよせつけないほどになった。イギリスの主力自転車メーカーであるハーキュリーズ、バーミンガム・スモール・アームズ（BSA）、ブロンプトンは、自社でハブギアを製造していた。だがどのメーカーも、第2次大戦勃発で製造を中止した。一方スターメーアーチャーはラレー・インダストリー・グルー

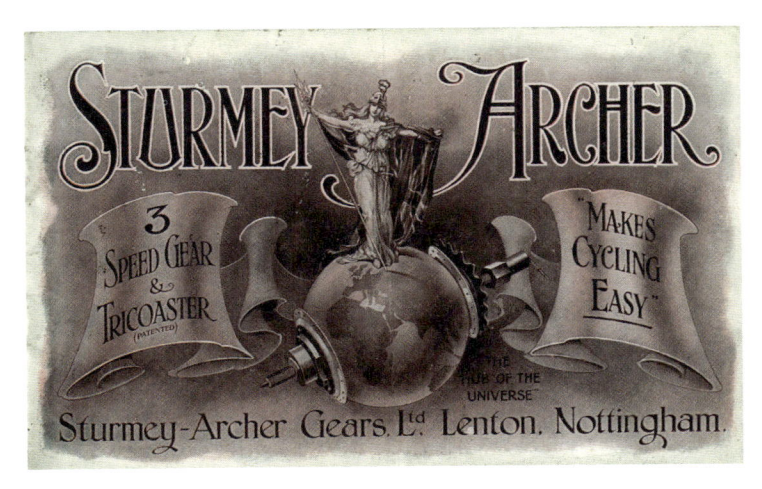

スターメーアーチャーは、自転車のギアシステム初の大手メーカーだった。同社のハブギアは数十年にわたって市場を独占した。

21：スターメーアーチャー

大成功したスターメーアーチャーの創設者たち。彼らの貢献で、自転車は重要な進化を果たした。

ヘンリー・スターメー
（1857〜1930 年）

フランク・ボーデン
（1848〜1921 年）

ジェームズ・アーチャー
（1854〜1920 年）

　プの傘下となり、卓越した地位を保ちつづけた。1902年のオリジナル製品、スターメーアーチャー3段ハブギアは、ライリー考案の3段固定ギアにもとづいて設計された。これでギアチェンジが簡単になったが、つねにペダルをこがなければならない点が問題として残った。しかし1年と待たずに解決され、3段ギアのどれを選んでもペダルの動きを止めたまま走ることができるようになった。1913年にはスターメーアーチャーは市場を独占するまでになり、1年に10万個のハブギアを生産し、イギリスの自転車産業のかなめになった。世界中へ向けて輸出もし、1952年には年間生産数が200万個を超えた。スターメーアーチャーの3段ハブギアは手頃な自転車には欠かせない部品となり、世界中で使われるようになったのである。

　スターメーアーチャーの商品シリーズは印象的で、2段、3段、4段、5段変速ハブが製造された。ギア比は接近しているものから離れているものまで、固定式もあればフリーホイール用もあり、今日の基準でもかなり選択肢は広い。実際、その広範囲な品揃えのために、ASC、AM、FM、FC、FW、AW といったアルファベットで表示される商品リストには当惑させられる。結局、3段スプロケットが発売されると、1段スプロケットは姿を消した。これを3段ハブギアに合わせることで、9段階の選択肢になる。ただしこのアレンジでも、細かいことにうるさいサイクリストが望んだとおりの正確なギア比にかならずしもできるわけではないことが難点だった。これは外装変速機ならごくあたりまえにできる操作である。

　ボーデンは、自転車帝国をつくったやり手ビジネスマンだったが、やがて新部品開発の情熱は消え、コスト削減に集中していった。そのため親会社のラレーは、スターメーアーチャーのやり方に難色を示し、基本の3段ギアハブさえあればいいと考えた。こうしてスターメーアーチャー独自の製造技術は、わずかな予算削減の犠牲になった。それでもスターメーアーチャーのギアは使いやすく、ほとんどメンテナンスも必要なかったため、多くの競合

初期のスターメーアーチャーのギアチェンジ・レバー。

92　図説自転車の歴史

製品に囲まれながらも人気はおとろえなかった。デザインもめったに変わらなかったので、いつでも部品を手に入れることができた。もっとも魅力的な特徴は、どんなときもギアチェンジが楽に行える点だ。シフティングしつつ片手でハンドル操作をするのではなく、ハンドルにあるつまみをはじくだけでよかったのだ。

1920年代、3段ハブギアの限界がさらに明らかになり、レース用自転車ではとくに顕著だった。そこへサンプレックスなどのデュアルピボット式ギアがスターメーアーチャーの市場にくいこみはじめ、スターメーアーチャーは単一遊星歯車式の、ギア比が接近しているものから離れているものまで、3段ギアの生産をせざるをえなくなる。操作用のつまみは改良され、フレームのトップチューブではなくハンドルバーにつけられた。スターメーアーチャーは発電式ライトにも活路を見いだし、1937年には6ボルトの発電ハブを開発して第2次大戦中は重宝された。

こうした実績にもかかわらず、スターメーアーチャーの評価は徐々に下降線をたどりはじめる。サンツアーやシマノが、修理が不要なほど信頼性の高いギアの生産を開始したためだ。パワーシフター、バーコン、自動変速フロントギアなどが、スターメーアーチャーの上質ながらも単純な製品を圧迫しはじめた。後発組の台湾製品の品質も向上した。ついに2000年、スターメーアーチャーが破産宣告に追いこまれると、台湾のサンレースが支援を申し出て、会社をそっくり買収した。在庫品と製造設備は台湾へ移され、サンレースは現存するスターメーアーチャーのハブを新たなデザインにして再生産しはじめたのである。

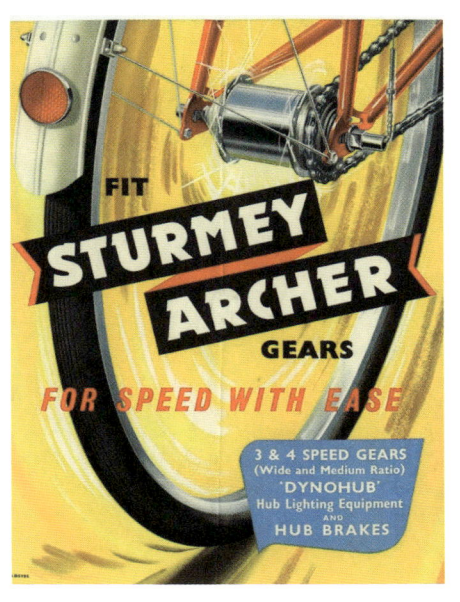

ラレー・インダストリー・グループの一員となったスターメーアーチャーは、資金援助を得て大々的な宣伝活動を行った。

世界記録

1939年、トミー・ゴドウィンが12万805キロという年間走行距離の世界記録を打ち立てた。1年間、毎日平均330キロ乗りつづけた計算だ。12万キロは地球3周分に匹敵する。しかも、乗っていたのはスターメーアーチャーの4段ギアハブを搭載した重さ14キロ以上もあるラレーだった。ラレーとスターメーアーチャーは、ゴドウィンのスポンサーだったのだ。記録を樹立した1年を終えると、ゴドウィンは数週間かけて歩き方を思い出し、その後第2次大戦の戦場へ向かった。

22：ラボール・ツール・ド・フランス
ねじれ剛性

　ラボール・サイクル・カンパニーのレース用自転車の信頼性が高かったのは、名選手ルイ・ダラゴンの自転車を製造した経験が生かされていたためだ。ダラゴンは、1906年と1907年のワールドチャンピオンおよびフランスチャンピオンで、レース中に事故死した数少ないプロレーサーのひとりでもある。1918年4月、パリのヴェロドローム・ディヴェール競技場で、最高速で走行中に衝突死したのだ。戦時中に使われた粗悪な材質のペダルが折れたのが原因だった。衝撃的な悲劇でもあったが、ラボールの売り上げにはほとんど影響がなく、会社はスピードの出るレース用自転車の主要メーカーとして業界に君臨しつづけた。

製作年：1922年

製作者：
ラボール

製作地：
フランス

　ラボール社が他社と違うのは、新しいことに挑戦する気概があった点だ。1910年にはすでに基本的なダイヤモンド・フレームがヨーロッパ中に普及していたが、ラボールはその改良に着手した。試行錯誤をくりかえした結果、画期的なフレームデザインをあみだし、「ツール・ド・フランス」モデルと名づけた新型車に採用した。従来は車輪を2本のブレードで両側からはさみこんでいたが、新デザインは、ブレードが1本で車輪の片面だけにとりつけられている「片持ち」スタイルだ。
　そのため非常に風変わりな外観になったが、伝統的な形より理論的にはまさっている点がひとつあった。ホイールをはずさなくてもタイヤ交換が可能だったのである。これは計画段階ではすばらしいアイディアに思えたのだろうが、実際に走らせてみると欠点が判明した。不運にもパンクしたり、タイヤ交換が必要になると、まず車体全体をもちあげて、操作しなければならないのである。
　ラボール・ツール・ド・フランスは、あきらかに異質だった。フォークはいうにおよばず、もっとも特徴的なのはフレームだ。上管の直下には山なりのクロスバーがあり、まるで曲線の橋のようだ。また、細い溝のあるリ

ラボールのフレームは特徴的なデザインだ。

94　図説自転車の歴史

アドロップアウトの代わりに、チェーンを張るためにボトムブラケットが採用されていた。剛性のロスを補うために、シートチューブの中央には支柱も追加した。それでも重さは従来の自転車とほぼ同じ13キロだった。

しかし、ツール・ド・フランスの販売台数はあまり伸びなかった。理由は前衛的な外観ではなく、価格だ。300フランで売られていたラボールの従来型より40フランも高かったのだ。ただし、ラボールの自転車はもっともねじれ剛性が高いという評判を生んだことはひとつの功績だろう。教室いっぱいのサルがラボール自転車を懸命にスケッチしているという、非常に独創的な広告も印象的だった。この広告は数年間フランスの雑誌に掲載されつづけた。

売り上げはぱっとしなかったが、ラボールの「ツール・ド・フランス」モデルはフランスのレース場で優秀さを示している。パリ〜ルーベ・クラシックでは1920年にポール・ドマンが、1922年にアルベール・ディジョンが乗って、ともに優勝した。ドマンは1922年のパリ〜ボルドー・レースと、史上初のモロッコ一周レースでも優勝している。ラボールはこうしたでこぼこの砂利道が多いレースでは、ゆがみに対する強さを見せた。

ラボール社は1920年代初頭にアルシオンに買収されたが、片持ちの1本足フォークのコンセプトはアメリカのキャノンデールがマウンテンバイクの設計にとりいれ、1990年代によみがえった。

ラボールは数々のフランス人トップレーサーに選ばれた。ルイ・ダラゴンもそのひとりだ。

アイヴァー・ジョンソン

ラボールのデザインは、斬新なフランスの自転車の代表格だったが、ほかに例がなかったわけではない。1902年にアメリカのアイヴァー・ジョンソンがトラス橋自転車をつくっていたためだ。これはラボールと同じ原理で製造され、見た目もほぼ同じだった。

アメリカ人チャンピオン、メジャー・テーラーは、世紀の変わり目からアイヴァー・ジョンソンのトラス橋モデルでフランスのレースに参加していたので、ラボールはアメリカのデザインをまねたに違いないとみなされるようになった。アイヴァー・ジョンソンだけでなく、多くのアメリカのメーカーも、ねじれ剛性の高い同じデザインを採用していた。

23：オートモート
初期の長距離レース自転車

　オッタヴィオ・ボッテキアは、1924年のツール・ド・フランスでイタリア人選手初の優勝を飾った。乗っていたのはフランスの自転車、オートモートだった。彼はコースを走りながら「わたしは世界一美しい瞳を見たことがあるが、きみほど美しい瞳は見たことがない」と歌っていたそうだ。その1年前の1923年のツールでは、ボッテキアはやはりオートモートで準優勝し、優勝したライバルのアンリ・ペリシェもオートモートに乗っていた。これによりオートモートは当時のレース用自転車のトップブランドになった。オートモート社は1901年にフランスの自転車産業の中心地、サンテティエンヌに設立された。1920年代のツール参加選手が第1候補に選ぶのは、この自転車だった。

製作年：1924年

製作者：
オートモート

製作地：
サンテティエンヌ

　2012年、ツール・ド・フランスで歴史的勝利を飾ったブラッドリー・ウィギンスは、つぎのツールでは自分のヒーローであるボッテキアにならぶために、マイヨ・ジョーヌをスタートからゴールまで手放すことなく着るのが目標だと述べた。ボッテキアは、ツール初期の時代にはよく見られた破天荒な人物だ。第1次大戦中は機関銃士としてオーストリア軍に従軍し、人生初の自転車をあたえられて才能をいかんなく発揮した。ただし、そのハンドルには機関銃が装備されていたのだが。イタリア軍の捕虜になったが収容所から脱走し、終戦まで生きのびた。その後自転車レースに未来を託すことを決め、最高の選手になろうと決意する。

ボッテキアの選択。オートモートは傑作であり、当時もっとも成功したレース自転車だった。

96　図説自転車の歴史

オートモートは卓越した技術と美意識で細部のデザインにもこっていた。

イタリアの伝説の自転車選手

　その目標どおり、彼は山岳コースの第一人者になった。ライバルのひとり、ニコラ・フランツは、「上り坂でボテッキアについていくのは危険だ。自殺行為といってもいい。彼のペースは過酷なほど速いので、ほかの選手は呼吸困難におちいる」と述べた。

　1923年のツールでは、第2ステージ後のシェルブールからトップに立ち、ニースまでマイヨ・ジョーヌを着つづけた。イタリアではガゼッタ・デロ・スポルト紙が祝い金を贈るために、1人1リラの募金をよびかけたところ、ムッソリーニ首相がまっさきに寄付したそうだ。しかしニース以降は、フランス人チャンピオン、アンリ・ペリシェにマイヨ・ジョーヌをゆずることになる。アンリはパリで総合優勝を飾ったが、「来年はボテッキアがわたしに勝つだろう」と予言した。

　予言はあたり、1924年、ボテッキアはイタリア人選手としてはじめてツール総合優勝を果たす。これで一躍英雄になったが、イタリア人ファシストの怒りをかった。イタリア国境付近のステージで、黄色のリーダージャージを着ていなかったためである。その日ボテッキアはチームジャージを着ていたので、ほかのチームの派手なジャージにまぎれて姿が目立たなかったのだ。当時の新聞記事で、ボテッキアがチームジャージを着ていた理由を説明できているものはひとつもない。仮説だが、マイヨ・ジョーヌを着ていると多くの選手にマークされるので、ペースが遅くなるのを嫌ったのかもしれない。また、脅迫状が届いたりタイヤが切られたりと物騒な事件があったので、ムッソリーニのファシスト党員の目を引きたくなかったのだという説もある。

「上り坂でボテッキアについていくのは危険だ。自殺行為といってもいい。彼のペースは過酷なほど速いので、ほかの選手は呼吸困難におちいる」

ニコラ・フランツ
（1924年）

アンリ・ペリシェは、現代のドーピング騒動のずっと以前に、ツールの選手が体験するドラッグやアルコールの誘惑を暴露した。

誘惑は昔から

　アンリ・ペリシェは、ツール・ド・フランスの選手は「コカインやクロロフォルムがあるからレースができる。ピルを見せようか？ぼくらはダイナマイトで走ってるんだ。夜になると部屋で眠るかわりに踊るのさ」とジャーナリストに自慢げに話した。参加者全員が「ダイナマイト」に頼っているわけではないが、ツールの選手がレース途中でアルコールを飲むことはあたりまえになっていた。この状況は、フランス当局が法律でスポーツでの刺激剤の使用を禁止する1960年代まで続いた。

後年語り継がれることになる勝利へ向かって、アルプスを越えるボテッキア。

翌年1925年、ボテッキアはふたたびオートモート・チームの一員としてツールに参加し、第1ステージで勝利すると、ピレネー山脈へ向かう2つのステージも制した。この年、新たなライバルが出現する。トマン・ダンロップチームのベルギー人、アドリン・ブノワだ。ふたりはバイヨンヌまで抜きつ抜かれつトップを争ったが、ブノワがついに決定的にも見えるリードを奪った。だがオートモート・チームの反応は早かった。チームメイトのルシアン・ビュイスのアシストを受けながらボテッキアは差を縮め、ペルピニャンで追いついてからはライバルにまどわされることはなかった。ボテッキアは後ろにビュイスを従えてパリに入り、最終ステージを制した。ビュイスはこの自己犠牲的なサポートで、ツール初のドメスティーク(チーム内アシスタント)を果たしていたのである。

謎の死

ボテッキアがツールで優勝したのは、それが最後だった。1926年のレースでは、ピレネーで棄権した。当時の目撃者によると、激しい風雨と寒さのなか「こどものように涙を流して」いたらしい。もうかつてのボテッキアではなくなっていたのだろう。文筆家のベルナール・シャンバは、ボテッキアについてこう述べている。「不快な運命の手が彼の肩に置かれた。まるで彼が生まれながらにもつ苦悩が彼に追いついたかのように。暗い思想と不吉な未来が彼にとりついた。もはや

> 「不快な運命の手が彼の肩に置かれた。まるで彼が生まれながらにもつ苦悩が彼に追いついたかのように。暗い思想と不吉な未来が彼にとりついた」
>
> ベルナール・シャンバ
> (1928年)

鍛錬の心はなかった。咳きこみ、背中や気管支が痛んだので、『悪い病気』に負けることをおそれていた。つぎの冬、交通事故で弟を失った」

それでも、ボテッキアは復帰を決意していたらしく、棄権した翌年にはレースに戻る準備をしていた。1927年6月3日、故郷の町で練習に出たが、道ばたで倒れているところを発見される。頭蓋骨が陥没し、体の骨も折れていた。だが自転車はやや離れたところで無傷でみつかった。数時間後、彼は亡くなった。事故だったのか、それとも何者かに殺されたのか？　目撃者の証言と、骨折を指摘した検死報告から、事故説が有力視されている。調査はすぐに終了した。関与を疑われたムッソリーニ政権にとっても、莫大な保険金が入る彼の遺族にとっても、事故死のほうが都合がよかったのかもしれない。

明らかなことはただひとつ、その朝、ボテッキアは夜明けに起き、いつものように友人のアルフォンソ・ピッチーニの家へ自転車で向かったことだ。しかしピッチーニは練習に行かず、ボテッキアはひとりで走りつづけた。彼の死は、さまざまな憶測をよんだ。葬儀をとり行った聖職者は、ボテッキアのリベラルな思想を快く思わなかったファシストのしわざだと考えていたらしい。しかしボテッキアは、全盛期をすぎたただの自転車レーサーだ。世間を扇動するような政治家でもなければ、有名人でもない。しかもムッソリーニは、ガゼッタ・デロ・スポルト紙が募金をよびかけた際は、まっさきに寄付をしているのである。

さらに謎は続いた。ニューヨークの海辺で刺され瀕死の状態だったイタリア人が、有名なマフィアのゴッドファーザーの命令で自分がやったと告白したのだ。だがそのマフィアは実在しなかった。けんかにまきこまれたという説もあったが、それなら目に見える傷が残ったはずだ。かなりの月日がたってから、ポルデノーネの農民が死にぎわに新たな証言をした。「あの日、男がわたしの畑のぶどうを食べていた。彼は畑を押しわけて入りこみ、実をだめにしていた。それで石を投げておどそうとしたが、彼にあたってしまった。わたしは走っていって、それがだれか気づいた。神よ、どうかお許しを！」農民は、彼の体をひきずって畑から出し、道ばたに置いたと証言した。この証言が事実なら、なぜ遺体がそこから55キロも離れた場所で発見されたのか？　そしてぶどうは晩夏まで熟さないのに、6月のぶどう畑でボテッキアは何をしていたのか？　謎は残ったままなのである。

独特のデザインがオートモートの車体全体で使われた。

23：オートモート

24：ヴィアル・ヴェラスティック
マウンテンバイク誕生前夜

　サイクリングがはじまった当初から、人々は田舎道でも走れるような軽くしなやかな自転車を求めてきたが、ハイホイーラーや安全型自転車が登場したばかりの時代には、夢のまた夢だった。技術革新によりフレームが軽くなると、夢が現実味をおびてくる。ロードレース選手が冬期のトレーニングとして道なき道を標準的な自転車で走ったのが、オフロード・サイクリングのはじまりだ。これはシクロクロスとよばれ、いわば自転車のクロスカントリーレースだった。徐々にシクロクロスは広がりを見せ、1940年代には独立したスポーツとなり、1950年には初の世界大会が開催された。

製作年：1925年

製作者：
ヴィアル

製作地：
フランス

　アメリカのブリーザー・ビーマーなど、現代のオフロード専用自転車にはさまざまなアイディアがとりいれられているが、じつはその多くが1925年の自転車で早々と採用されていた。なかでも興味深いのは、フランスのヴィアル兄弟のエラスティック・サイクル社によるヴェラスティックだ。新聞広告では、アームチェアに座っているような乗り心地で、縁石に乗っても段差に気づかないとうたわれた。これこそ田舎道で使う自転車に欠かせない条件だった。

シクロクロスの黎明期

シクロクロスの誕生は1900年代初頭、自転車愛好家が隣町まで競争したのがはじまりだ。畑を横切ったり、フェンスや用水路を跳びこえたり、近道も自由自在だった。この初期のシクロクロスで、ロードレースの選手が試合のない冬場の体調維持をしたと考えられている。むずかしいコンディションでオフロードを走ると集中力が高まるので、ロードレースに戻ると運転能力が向上していた。1902年、ダニエル・グッソーがフランス初のシクロクロス国内選手権を開催した。

ヴェラスティックの構造は当時としてはめずらしく、フレームの大部分が板バネでできていた。シートチューブがない点も斬新で、乗り手はバネの先端にとりつけられたサドルに座る。これで車体はとてもしなやかになり、バネ以外のフレーム強度はねじれ耐性を最大化するように設計されている。

シートの調整もいっぷう変わった作業だ。長身の人なら、板バネをフレームから少し引き出すだけでいい。これでサスペンションは柔らかめになる。同じように、小柄で体重も軽い人は板バネを押しこんで、堅めのしっかりしたサスペンションにする。今日のメーカーなら、乗り手の体重に合わせてさまざまな堅さのバネを提供するところだ。ヴェラスティックはあきらかに時代を先どりしていたのである。「ヴェラスティック」という名前も車体そのものと同じように独創的で、伸び縮みする自転車の特徴をたった一語で表している（ヴェラスティックはフランス語で「伸び縮みする」という意味）。

アーネスト・ストロビーノ。シクロクロス黎明期のスター。

左ページ：
ヴィアル・ヴェラスティックの突飛なフレームは、後年のコレクター垂涎の的となった。

「ブリーザー・ビーマーへの道を拓くアイディアは、1925年にすでにヴィアル・ヴェラスティックにとりいれられていた」

マイケル・エンバッハー
『サイクルペディア』
（2011年）

24：ヴィアル・ヴェラスティック　**101**

25：ヴェロカー
レース用リカンベント

　近年、後ろに傾斜した背もたれ付きのリカンベント自転車の人気が高まってきたが、愛好家はまだまだ少数だ。かつてリカンベントは、快適なサイクリングを約束する新たなスタイルとして定着すると考えられていた。リカンベントが注目されたのは、1896年ジュネーヴ博覧会でシャランドなる人物が初出展したときだ。その斬新な自転車には水平クランク装置が搭載され、ペダルをより深く踏みこむことができた。シャランドの自転車は、シートがとても低く、乗り降りが楽で、安定性もあった。この初代リカンベントは「シャランド・リカンベント」として有名になった。

製作年：1933年

製作者：
モシェ

製作地：
ピュトー

　シャランド型が市場に浸透しなかったのは、乗り手の3倍もの重量があったためだ。のちにシャランドと同じ型がロンドンに登場した際は「ロッキングチェアの乗り心地と、驚くべき技術の融合」と称された。サドルは、振動対策のほどこされた安楽椅子のようで、「背中の疲れをとり、長い丘を下るときはぜいたくな気分を味わえる」というふれこみだった。問題は、リカンベントは遅いという思いこみがあったことだ。快適な自転車が速いわけがないと考えられていたのである。

モシェのヴェロカー
　20世紀初頭、自転車設計者はまだリカンベントへの興味を失っていなかった。自転車の未来にとって重要な存在になるという思いもあった。

1945年のモシェ・ヴェロカー。初期のリカンベントは、馬車のようにもトライシクルのようにも見える、不思議な風貌だ。

こうした期待は、シャルル・モシェというひとりの男の画期的発想から生まれている。第1次大戦直前、モシェはフランスのピュトーでモーター付きの小型軽量自動車を製造していたが、思うような成果はあがっていなかった。そこで基本コンセプトをペダル駆動の4輪の乗り物にあてはめてみると、驚くほどスピードが出ることがわかった。その速さが認められ、自転車レースのペースメーカーとして使われるようになった。ただし、高速になるとひっくり返りやすいのが難点だった。

「世界にはじつに多くの種類の自転車を受け入れる余地がまだまだある」

デザイナー、ガードナー・マーティン（1960年）

モシェは安定性を高めるすばらしいアイディアを思いつく。その4輪の乗り物を2つに切断し、2輪仕様にしたのである。ヴェロカーの誕生だ。ホイールは直径50センチ、ホイールベースは146センチ、そして約12センチのボトムブラケットが調整可能なシートより高い位置に設置された。乗り手は背もたれに背をあずけ、両脚を前に投げだす姿勢になる。モシェはこのヴェロカーが従来型の自転車より速く、レースに最適であることを証明するために、実績のある選手を探した。1人目に選んだのは、名実ともに申し分のないアンリ・ルモアンヌだ。ヴェロカーの快適な乗り心地と楽なステアリングにルモアンヌは感心したが、嘲笑されることを懸念して、競技で使うことについては首を縦にふらなかった。つぎにモシェが白羽の矢を立てたのはフランシス・フォーレだ。有名なサイクリスト、ブノワ・フォーレの兄弟だが、ルモアンヌやブノワほどの才能はなく、さほど目を引く記録は残していなかった。しかし徹底的に試乗した結果、フォーレはヴェロカーでレースに出ることに合意した。

初レースでスタート地点に整列したとき、フォーレはやはり笑いものになった。寝そべらなければいけないほど疲れているのかと聞かれ、なぜ男らしくまっすぐ乗らないのかとひやかされた。しかしフォーレが高速で飛び出し、驚く選手や観客をあっというまに置き去りにすると、笑い声はやんだ。ヴェロカーは空気抵抗が小さいため、フォーレはその後もヨーロッパ中の超一流選手たちを打ち破っていった。翌年は5000メートルの長距離レースで勝ちつづけた。トップ選手が協力しあい、つぎつぎに先頭を入れ替わってペースメーカー役をしても、フォーレには勝てなかったのだ。ヴェロカーはトラックレースだけではなくロードレースでも勝ちはじめ、1933年のパリ〜リモージュ・レースでは、ヴェロカーのポール・モランが優勝した。

フォーレの快進撃は続き、短距離レースの新記録を樹立しはじめる。一方ほかの選手もリカンベントにのりかえ、ロードレースでライバルを楽々とくだした。そこでモシェ・チームは「究極の」レースに挑戦しようと決める。1時間で走る距離を競う、アワーレコードだ。しかしリカンベントが新記録を打ち立てても、UCI（国際自転車競技連合）に公認される確証がなかったので、1932年10月、モシェは連合に直接問いあわせた。UCIは、空気抵抗を減らす特殊な部品を追加していなければ、ヴェロカーの記録を公認しない理由はないと確約した。

25：ヴェロカー

世界新記録？

　1933年7月7日、ヴェロカーに乗ったフランシス・フォーレは、パリの競技場で1時間に45.055キロを走り抜き、オスカー・エッグの記録を約20年ぶりに破った。ヴェロカーの成功に世間は沸きかえったが、すぐにさまざまな疑問が投げかけられた。これはほんとうに自転車なのか、それとも別物なのか？　フォーレの記録は公認されるのか？　早急な答えが求められていた。というのも、1933年8月29日、サン・トロンでモーリス・リシャールが従来の直立姿勢の自転車でオスカー・エッグのアワーレコード記録を破ったからだ。リシャールの記録は44.077キロだった。どちらがほんとうの新記録なのだろうか。リカンベントか、従来型か？　同時に、リカンベントは合法的な自転車として公認されるのか、そしてUCI主催のレースに自由に参加できるのかという点も重要だった。いまや多くの人が、ヴェロカーがスポーツ界から永久追放されることを望んでいたのだ。

　UCIがこの問題を協議したとき、愛好家が委員たちの前でヴェロカーに乗り、会議室で走ってみせた。委員の意見は割れた。イギリス代表の委員は未来の自転車になりうると考え、ヴェロカーを支持した。しかしイタリア代表のベルトリーニは、リカンベントは自転車ではないと主張した。多くの委員が懸念したのは、フランシス・フォーレのような2流選手がいまや多くの記録を保持し、なかでも自転車レース界の聖杯ともいえるアワーレコードの新記録をおこがましくも打ち立てたことだったのだ。

　投票になり、UCIはモーリス・リシャールの記録をアワーレコードとして公認した。そしてスポーツ自転車の定義を新たに制定した。「ボトムブラケットは地上24〜30センチメートルの位置になければならない」「サドル前部がボトムブラケットの後部12センチ以内になければならない」そして「ボトムブラケットから前輪の車軸までは58〜75セン

1934年3月、パリの競技場をヴェロカーで高速走行するフランシス・フォーレ。

チでなければならない」という規制だ。

　この基準では、リカンベントは従来型の自転車と同じように2輪やチェーン、ハンドル、シートを装備し、人の力で駆動するにもかかわらず、正確には自転車とはいえなくなった。この新基準は1934年4月1日から適用されたが、これで安全で空気抵抗の小さい自転車の承認が50年遅れたとみなす人も多かった。しかし国際人力機協会（IHPVA）などの組織は、リカンベント型か従来型かにこだわらず、人力機のレースや宣伝に打ちこみ、新基準による悪影響を必死に払拭しようとした。現在リカンベントが復活していることからも、協会は責任を果たしたといえるだろう。

　1933年には、マルセル・ベルテがハイブリッド型リカンベントで新記録に挑戦した。見た目は従来の直立型自転車だが、リカンベント用の流線形の風防がついていたのだ。時速50キロの壁を最初に破るのはベルテだろうと目されていたが、1933年11月18日、その予想が現実になった。だが記録はUCIの「スポーツ自転車」という特別部門に分類された。

　口うるさいリカンベント支援団体をなだめるために、UCIは新たな部門を設けた。「空力部品を搭載しない人力機（HPVs）による記録」である。1938年にフランシス・フォーレとジョルジュ・モシェがマルセル・ベルテを破った記録は、この部門に分類された。フォーレはまた、1時間に50キロ以上の距離を空力装置なしで走る最初のサイクリストになる決意をした。

　第2次大戦直前、フランシス・フォーレはペースメーカーなしで1時間に50キロ以上を走行した。世界初の記録である。最初の1周は、フォーレの頭部が風防から露出し、車体底部にも覆いをつけない状態で記録された。フォーレは時速48キロをたたきだし、一般的なレース用自転車より20秒も速い5分というラップタイムを出した。

　しかしそのスピードではアワーレコードを破るにはまだ十分ではなかったので、ヴェロカーは改造された。つぎの走行ではフォーレの頭部を出す穴を小さくしたため、平均スピードが時速49.7キロメートルに上がり、1周につき10秒短縮された。3回目の走行で底部の覆いがつけられ、フランシス・フォーレはさらに18秒ラップタイムを縮めた。4回目にはコースが磨かれ、これで時速55キロがマークされた。あとは4000メートルごとに4分20秒のラップタイムを出すだけだ。アワーレコードへの挑戦は、この条件で行われることになった。しかし、記録への挑戦は中断される。目に風があたり、フォーレがヴェロカーをコントロールできなくなったのだ。5回目の挑戦は3重の覆いを使ってフォーレの頭部を隠した。それが功を奏し、1939年5月5日、ヴィンセンヌ自転車競技場において、フォーレはペースメーカーなしで1時間に50キロを走破した初のサイクリストになった。新聞が大々的に報じ、ヨーロッパでもアメリカでもフランシス・フォーレとジョルジュ・モシェ、そしてヴェロカーの写真が業界紙を飾ったのである。

26：ハーキュリーズ

女性レーサー

マーガリート・ウィルソンは、両世界大戦間にイギリスで活躍した自転車レース界のスターだ。もっとも偉大な女性サイクリストといってもいいだろう。ボーンマスに生まれ、17歳だった1935年にアマチュア選手として競技をスタート。ハーキュリーズに乗って、女性ロードレコード協会が公認する16の記録すべてを手にした。1938年には3つの記録を更新した。翌年プロに転向し、さらに11の新記録を生んだ。もっとも輝かしい記録は、ランズエンド岬からジョン・オ・グローツまで2日と22時間52分で完走した耐久レースだ。第2次大戦の勃発で、このすばらしい女性選手のレースキャリアは終わりを迎えた。

製造年：1933年

製作者：
ハーキュリーズ

製作地：
バーミンガム

ウィルソンが選んだ自転車はハーキュリーズだった。イギリスでもっとも自転車輸出に成功したハーキュリーズ・サイクル・アンド・モーターサイクル・カンパニーの製品だ。ハーキュリーズ社は、エドマンドとハリーのクレイン兄弟が1910年9月にバーミンガムに設立した。ハーキュリーズという社名は、力強さやたくましさを連想させるヘラクレスに由来する。ビジネスは順調だった。1928年までにハーキュリーズはイギリスの輸出自転車の5台に1台を製造し、1935年にはイギリスの自転車総生産の40パーセントを占めるまでになっていた。バーミンガムに拠点を置くほかのメーカーの業績はぱっとしなかったのに、ハーキュリーズがこれほどの成功をおさめた理由はさまざまだ。ブランドネームの強さや効率のよい生産ラインはその一例だろう。

ハーキュリーズは、20世紀初頭のイギリスを代表する自転車ブランドで、1930年代に人気のピークを迎えた。

© Colin Kirsch, www.OldBike.eu/museum

自転車に乗る女性たち

　マーガリート・ウィルソンは、ハーキュリーズに乗った超一流のプロ選手だったが、彼女のようなプロのレーサーが登場するかなり前から、自転車レースに参加する女性は存在した。だが女性サイクリストは、男性の非難を浴びた。自転車がはじめて世に出たときから、女性はこうした男性の偏見と闘ってきた。自転車に乗る姿が下品だといわれ、女性はレース場より音楽会に行くほうがふさわしいと考えられていたためである。フランスでは、ボルドーを中心に、自転車に乗るめずらしい女性を見物することが男性のあいだで人気になった。慣れないうちは自転車をうまく扱えず、落車する女性も多かったため、滑稽で、ときに卑猥な場面がくりひろげられたのだ。一方ハイホイーラーを苦もなく乗りこなす女性もいたため、興行主が提示する賞金は、競争が熱をおびるにつれて高額になっていった。

　自転車に乗った女性の奇妙なレースもお目見えした。1879年、トロントに渡ったパリのエルネスティーヌ・ベルナールは、3マイルレース（約4.8キロ）で馬と競走した。これはさぞかし見物だったことだろう。見物人を驚かせたのは、彼女が着ていた「露出

いつもの思いきった服装で自転車に乗るマーガリート・ウィルソン。

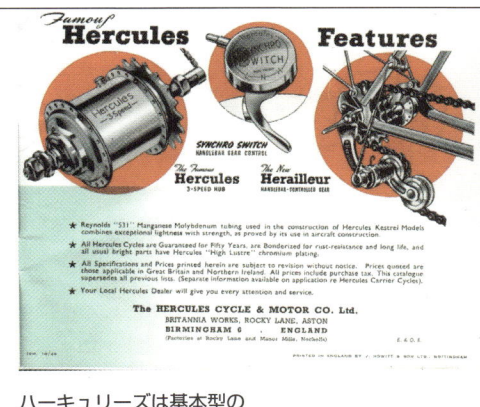

ハーキュリーズは基本型の自転車だけではなく、多くの部品も提供した。

ハーキュリーズの営業

　1923年、ハーキュリーズは自社の自転車用に、タイヤとインナーチューブを除くあらゆる部品を製造していた。工場は大量生産方式を用いて1日1000台以上をつくり、組みたてには1台につき10分とかからなかった。マーガリート・ウィルソンのキャリアがピークに達した1933年、ハーキュリーズが生産する自転車の半分以上は海外で売られていた。そのおかげで国は600万ポンドを海外でかせぎ、会社にはイギリス国王および皇太子から感謝の手紙も届いた。1930年代末までに、ハーキュリーズの総生産台数は600万台を超え、世界一の自転車メーカーといっても過言ではなかった。

1868年、ボルドーで開催された自転車レースの木版画。女性のレースでは服装は勝利の行方と同様に重要だった。

度の高い服」だったようだが、なかには「自転車に乗るにはふさわしい」服だと考える人もいたようだ。1869年にパリ演芸場のふたりの女性サイクリストがロンドン公演で自転車パフォーマンスを披露した際は、観客のひとりが驚きつつも好意的な記述を日記に残している。「彼女たちの芸にも、物腰にも、みだらな点はみじんもなかった。女性が男性のように膝丈のズボンをはいて、大衆の面前でサドルにまたがるのを認めてしまえばいいだけの話だ」

　1890年代に世間の見方が変わると、女性は自転車に乗るための実用的で「合理的な」服を求めるようになる。自転車用の服とはつまり、短いスカートやキュロットスカート、あるいはトルコ風のゆったりしたブルマーといったものだ。このサイクリング用の服装のおかげでペダルこぎが楽になり、スピードも出るようになったので、女性同士はもちろん、チャンスがあれば男性相手の競争もできるようになった。サイクリング用の服を着た女性に対する男性の妄想は、20世紀にももちこされ、乗り手自身にも影響をあたえた。1928年、あるイギリス人女性サイクリストはサイクリング・ツーリング・クラブ紙に寄稿し、暖かい日にはスカートを脱いで「田舎道をペチコートで走った。涼しく、リフレッシュできて、人がどう思おうと少しも気にならなかった」と告白している。

　意見の変化は、女性サイクリストの服装だけにとどまらなかった。サイクリングは女性の健康に悪いとの見立てをしていた医師たちも、前言を撤回し、若い女性にお勧めの健康的な運動だと太鼓判を押したのだ。ようやくさまざまな障害から自由になり、多くの女性が自転車の才能を

開花させた。とくに女性の活躍が目立ったのは長距離耐久レースだった。1880年代初頭には、女性たちも運動場で競争したり、競技場の耐久レースに出場したりしていた。ヨーロッパや北アメリカの18時間や24時間レースに参加する女性もいれば、大胆にも男性を相手に走る女性選手もいた。彼女らの功績はニューヨーク・タイムズ紙などの新聞でもとりあげられ、24歳のジェーン・ヤットマンが700マイル（1120キロ）を81時間5分で走った記事も掲載された。最後の25マイル（40キロ）は豪雨のなかずぶ濡れで走ったので、「拷問」と称された。もちろん、そういうつらい体験は避けて、自転車でゆったり田舎道を走ることを楽しむ女性も大勢いた。

ハーキュリーズは家族で乗れる自転車というふれこみで宣伝された。

初期の女性チャンピオン

ロードレースに出場する女性が増えるにつれて、才能あふれる女性選手がつぎつぎと登場した。とくにきわだっていたのがアメリカだ。早くも1879年には、サンフランシスコでリジー・バルマーが2時間で29.7

女性に権利をあたえる遊び

スポーツとしてのサイクリングに女性が参加できるようになったことは、女性解放論者にとって大きな前進だった。1895年、アメリカでは、女性運動のリーダー、エリザベス・ケイディ・スタントンがアメリカン・ホイールマンの記事にこう書いた。「自転車は女性に勇気と自尊心と自信をもたらすだろう（後略）」。それは予言のような言葉だった。実際、女性たちは家を離れ、仲間と集まって田舎道や公園を自転車で走り、社会にかかわるようになったからだ。これは若い女性が自由と社会的権利を勝ちとる運動に大いに貢献した。

アメリカの女性もヨーロッパの女性のように自転車に夢中になった。

26：ハーキュリーズ

キロを走っていた。2年後、ピッツバーグの6日間耐久レースでは、ニューヨークのエルサ・フォン・ブルーメンが1000マイル（1600キロ）を走りきった。翌年ボストンでは、ルイーズ・アーマンドが、かなりのハンデをあたえられてのスタートではあったが、50マイル（80キロ）レースで男性アメリカ人チャンピオン、ジョン・プリンスにあわや勝利しそうなところまでいった。

　徐々に、自転車連盟に加入する女性が増え、ツアーやレースの参加者も増えていった。この流行を後押ししたのは、軽い自転車や動きやすい服の普及だろう。1925年、イギリスで開催されたリーディング・ホイーラーズ12時間レースでは、唯一の女性選手、ミセス・ドゥ・ヒーヴが3位でゴールした。この成功に刺激を受けて、ロスリン・レディーズ・サイクリング・クラブが発足し、12時間耐久レースを開催した。ミセス・ドゥ・ヒーヴはそこでも330キロという記録で優勝している。ついにはミセス・ドゥ・ヒーヴを中心に女性選手が集まって、1934年に女性ロードレコード協会（WRRA）を創設し、女性選手の記録を認定するようになった。この小さな団体が公認した初代チャンピオンは、リリアン・ドレッジだ。ドレッジはイギリス製自転車、クロード・バトラーに乗り、ランズエンド岬からジョン・オ・グローツまでの長距離記録もふくめ、6つの新記録を樹立した。

　マーガリート・ウィルソンを筆頭に、こうした初期の女性レーサーの成功は、世界中の女性選手の励みになったが、はじめて女性のロードレースがオリンピックに登場したのは1984年のロサンゼルス大会だった。当時のアメリカ人チャンピオンは、世界大会7連覇を果たしたスー・ノヴァラ＝リーバーだ。彼女に続いて活躍したのは、コニー・パラスケヴィン＝ヤング、ベス・ハイデン、コニー・カーペンター＝フィニー、レベッカ・トゥイグである。ヨーロッパでは、イタリアのマリア・カニンスと

熱心に自転車レースに出る女性もいた。競走馬と競争し、勝った女性までいた。

1960年代のイギリス人世界チャンピオン、ベリル・バートン（写真中央）。1967年ヘールレンの自転車世界選手権で優勝した際のひとこま。

フランスのジャニー・ロンゴがきわだっていた。1985〜1995年にかけて、ロンゴは女性版ツール・ド・フランスで3回、世界選手権で5回優勝し、女性のアワーレコードで45キロ以上の記録も生んだ。

イギリス人選手、アイリーン・シェリダンも忘れてはならない。ハーキュリーズに乗ったシェリダンは、1952〜1954年にかけて過去のハーキュリーズの記録をいくつも破った。しかし、マーガリート・ウィルソンの女王の座をついに奪ったのは、1970年代のベリル・バートンである。ヨークシャー出身の競争心旺盛なバートンは、50年におよぶキャリアのなかで世界チャンピオンのタイトルを7回獲得している。ロードレースチャンピオンが2回、追い抜きレースのタイトルが5回だ。さらに国内タイトルは、12のロードレース、13の追い抜きレース、そして71のタイムトライアルと、96にのぼる。孤高の一匹狼バートンは、専属トレーナーをつけずに独自のトレーニングを重ね、参加したいレースにだけ参加し、業界団体とはほとんどかかわりをもたなかった。それでもいく度となく男性選手を破っていたので、仲間の女性サイクリストは胸のすく思いだったに違いない。

1967年、バートンはオトレー・サイクリング・クラブ主催の12時間耐久レースに出場し、マイク・マクナマラを追い越し勝利した。走行距離は446.19キロで、女性の世界記録だった。同じレースでマクナマラが樹立した男性の世界記録が445.02キロだったことを考えると、すばらしいとしかいいようがない。翌年の1968年、バートンは100マイル（160キロ）の女性新記録、3時間55分を打ち立てた。当時のイギリスの100マイルレースの、歴代4位の記録である。もっと人気のあるスポーツなら、このような好成績を残したバートンの名前は世界中で知られていただろう。バートンの逸話は枚挙にいとまがない。たとえば、マクナマラを破ったときは、疲れたようすも見せずに彼にリコリスキャンディをさしだしたといわれている。

「ベリル・バートンは、イギリスでもっとも偉大だが、おそらく知られてはいないスポーツ選手だ」

女優、マキシン・ピーク（2012年）

26：ハーキュリーズ 111

27：バーテル・スペシャル

6日間レース

　6日間レースは19世紀のイギリスに起源をもち、ヨーロッパやアメリカでも人気を博した。初期のレースでは個人がトラックで競りあい、もっともラップ数をかせいだ選手が勝者となった。その後、2人1組になってひとりが走り、その間ひとりは休息する形式に変更された。当初は24時間、昼夜とわず走ったので、非常に過酷なレースだった。のちに6日間レースは夜間限定の午後6時〜午前2時までの走行になった。それでもかなりの持久力が求められることに変わりはない。

製造年：1935年

製作者：
　バーテル

製作地：
　アメリカ

　6日間レースの総合優勝は、当然ながら、時間内にもっともラップ数をかせいだチームだ。複数チームが同数でならんだ場合は、レース中のポイント獲得数の多いチームが勝者となる。1920年代末〜1930年代初頭にかけてのスター選手は、チェコスロヴァキア生まれのフランク・バーテルだった。バーテルはプロのトラックレーサーで、みずから製作したバーテル・スペシャルを愛用し、1935年には1マイル（約1.6キロ）を平均時速129.5キロで走って人力機の陸上スピード記録を打ち立てた。手作り自転車の製造も続けたが、大量生産のビジネスに発展させようとはしなかった。

　6日間レースは一大イベントで、観客をあきさせないために、タイムトライアル、オートバイのペーサーを追うレース、短距離レース、勝ち抜きレースなど、さまざまな競技がもりこまれている。「マディソン」

バーテルの1926年式アッペルハンズ。バーテル・スペシャルは2つの大戦にはさまれた時代の最高のトラックレース自転車だった。

112　図説自転車の歴史

とよばれるメインレースは、2人1組のスタイルがはじまったマディソン・スクエア・ガーデンにちなんで名づけられた。各チームから1人が同時にコースに出て走り、選手交代のときにはチームメイトの手をつかんでひっぱり、勢いをつける。

イギリスの6日間レースの前身は、1878年にロンドンはイズリントンの農業会館で行われた個人タイムトライアルだ。きっかけは、プロ選手、デイヴィッド・スタントンが、1日18時間、6日間連続で1000マイル（1600キロ）走るという賭けをもちかけたことだった。ミスター・デイヴィスなる人物が100ポンドで応じ、スポーティング・ライフ紙の仕切りで賭けが成立した。スタントンは2月25日午前6時にスタートし、トータル73時間で1000マイル走って賭けに勝った。当時のハイホイーラーで平均時速22キロを出したのだから驚きだ。これが世間の注目を集めたので、翌年同じ会場でふたたび開催されることになった。1日2万人の観客が見こまれ、地元のイズリントン紙は喜々としてイベントを宣伝し、「さる月曜日、農業会館において自転車コンテストがはじまった。6日間の競争に用意された賞金は150ポンドである」との記事をのせた。レース開始は午前6時。12人がエントリーしたが、実際に参加したのは4人だった。初期のレースでは、選手は走りたいときに走り、休みたいときに休むことができた。勝者はシェフィールドのビル・カンで、スタートからゴールまでトップを守り、1705キロを走りきった。

闘いのようなスポーツ

6日間レースはヨーロッパで人気になる一方で、アメリカでも1890年頃から注目されはじめた。アメリカのスター選手が腕を上げたので、

みずから設計の大部分を手がけた自転車に乗るフランク・バーテル。

持久力テスト

6日間レースに必要なスタミナは、ツール・ド・フランスと比較してもかなりのものだ。近年のツールでは、約3540キロを20日かそれ以上の日数で走るが、過去の標準的な屋内6日間レースでは、各チーム4500キロを1週間以内で走っている。この持久力レースは20世紀初頭のヨーロッパとアメリカで人気を博し、大勢の見物人がつめかけた。

27：バーテル・スペシャル

ヨーロッパの大会へ招かれることもしばしばだった。当時のイベントで重要視されていたのは、長時間踊りつづけるダンスマラソンや、旗竿の上に立ちつづけるフラッグポール・シッティングなど、とにかく奇抜な見せ物であることだった。6日間レースも、選手が互いに持久力を競ってひたすら自転車をこぐという点では、そういったイベント以上に壮観な眺めだっただろう。問題は選手のスタミナだった。というのも、選手は体力と気力が許すかぎり1日何時間でも走ったからだ。ときには疲労のために意識が混濁することもあり、ニューヨーク・タイムズ紙はあえてこんな記事を掲載した。「参加選手の頭が『おかしく』なり、苦痛のために顔面が醜く歪むまで力を出しきる競争は、スポーツではなく蛮行だ」

新聞に指摘されるまでもなく、6日間レースは闘いになりつつあった。初期の頃、選手は1日18時間走らされた。そのサーカスじみた競争は、すぐに144時間ノンストップという愚行に達した。選手が疲労の限界を超えて追いこまれるなか、かたわらではバンドがにぎやかに演奏し、観客が賭けをしていた。特別席の観客は異様なほど興奮し、選手が転倒してコースに投げ出されるさまを見たがった。ブルックリン・デイリー・イーグル紙は、吐きすてるようにこう述べている。「選手はみな神経も筋肉もすり減らし、寝不足で、不機嫌そうにいらいらしている。思いどおりの結果が出なければ、急に悪態をつきはじめる。彼らには、うれしいことなどひとつもないのだ。このように感情を爆発させる選手を見ても、経験豊富なトレーナーはあわてない。選手がどんな状況なのか、よくわかっているからだ」。その「選手の状況」には、幻覚を見て倒れることもふくまれていた。

1896年に優勝したテディ・ヘールがゴールしたときは「まるで幽霊のようだった。顔は死体のように真っ白で、目は眼窩深くに落ちくぼんで見えなかった」そうだ。この残酷な見せ物に多くの人が嫌悪感を覚え、1898年にはニューヨークとシカゴで6日間レースに対する抗議の声が高まった。これが契機となり、選手が1日12時間以上走ることを禁止する法律が生まれた。興行主はこの法律の裏をかき、選手を2人1組に

ペースメーカー

車やバイクのペースメーカーは、6日間レースの呼び物だった。動力付きの乗り物が向かい風の影響を減らすので、自転車のスピードが高まるのだ。しかし、車やバイクが介入すると、選手が持久力を競うというレースの単純明快さがそこなわれ、しかも見物人から選手が見えにくいという難点もあったため、のちにペースメーカーはすたれた。

流れこむ大金

選手がレースの苦痛に耐えるのは、賞金が高額だからという理由につきる。とくに参加選手が多く、選手にとって条件が悪いときは賞金もつりあがった。ニューヨークの興行主は、1896年に優勝したテディ・ヘールに5000ドルもの大金を支払った。1930年代にはヨーロッパで人気が頂点に達し、アメリカでも興行主にとって大きな儲けになった。ドイツ人の6日間レースのスペシャリスト、ヴァルター・ザヴァールは、1935年にはすでにひと財産築き、いくつもの別荘やプライベート飛行機を手にしていた。ザヴァールは当時もっとも裕福なプロスポーツ選手のひとりだった。

6日間レースは過酷な競技だ。選手は蓄積していく疲労と闘わなければならない。

した。そうすればつねにどちらかがコースを走り、その間もう1人はコース脇で休んだり軽食をとったりできる。この新たなレースは「マディソン」と名づけられてアメリカ中で人気となり、6日間レースは合法だという雰囲気をかもしだした。その後マディソンはヨーロッパでもはじまり、1906年にはヨーロッパ初の2人組レースがフランスのトゥールーズの屋外施設で開催された。

　6日間レースはドイツでも人気を博したが、ナチ政権に禁じられた。だがベルギーやフランスでは存続し、戦後ヨーロッパ中で再開した。ドイツでは17年ぶりとなる大会が1950年に開催され、翌年にはロンドンのウェンブリーにも戻ってきた。レースはアメリカのように夜どおし続けられたが、国家の財政難の時代だったため、競技場を使いつづけるコストが負担になり、6日間レースはすたれていった。その後1967年にロンドンのアールズコートで短期間再開したのを皮切りに、翌年にはウェンブリーでロン・ウェッブが興行主となり、午後から夕方にかけてステージごとに小休止の入る競技を企画した。しかしほかの興行主には不評で、そんなものは「6日間」レースではなくただの「6時間」レースだと抗議された。それでも最終的にヨーロッパの興行主もウェッブにならうことになり、古いタイプの24時間レースは1968年のマドリード大会を最後に姿を消し、現在は残っていない。

28：シュル・フュニキロ
初期マウンテンバイク

　フランスでは、19世紀初頭から自転車とのつきあいを楽しんできた。サイクリングは市民権を得るだけにとどまらず、国中が熱中するスポーツになった。1930年代に大量生産の自転車が市場にあふれるようになると、それに対する反感が見られたことからも、自転車に対する強い思い入れがわかる。愛好家のあいだでは、長距離のツーリングにもトラック競技にも使えるデザイン性の高い手作り自転車が新たに注目を集めた。この希望にこたえようとしたのが、当時もっとも革新的なデザイナー、パリ近郊コロンブのジャック・シュルだった。

製造年：1935年

製作者：
　シュル

製作地：
　フランス

　ジャック・シュルは「しなやかな」自転車をみずから製造し、フュニキロと名づけた。フュニキロは、トラックでもロードでも、フィールドでも使えるように設計されていた。
　シュルは同時代のフランスのメーカーを参考に、オーダーメイドのフレームを製造し、ブレーキやハンドルステム、ハブやギアチェンジャーなどの部品も独自に開発した。当時のいわゆるツーリング自転車は、基本的なレーシング用のフレームに後からツーリング用装備をボルト付けしているだけだった。シュルはその状況を変えようと試み、自分の義務は必要な機能が最初からそろっている長距離用アマチュア自転車をフランスでつくることだと考えた。どのような装備が必要か、ひとつひとつ検討し、フレーム本体に組み入れた。その結果、美しく上品で、かつ画期的なデザインの自転車が生まれたのだ。

1台の自転車にいくつもの機能をもたせる試みの結果誕生したのが、フュニキロだった。

空気のように軽く

　シュルのほかにも同じ野心をいだいた者がいた。1930年代のフランス製自転車の多くは、内部ブレーキケーブルやライティングケーブル、シフトレバーのはんだ付け、フロント変速機、カートリッジ式ボトムブラケットベアリング、カンチレバーブレーキ、オーバルチェーンリング、それにハブとブレーキのクイックリリース機構等々、斬新なアイディアを実現していた。これらの部品の多くは軽量アルミニウム製で、その結果、姿が美しくなっただけではなく、重量も軽くなった。長距離競技に必要なパニアバッグやライトもふくめても平均11〜14キロで、現代の優秀な自転車と比較しても引けをとらない。

上り坂も楽に

　1935年末にはすでに、ジャック・シュルは斬新なデザインの自転車「フュニキロ」とそのタンデム型を製作していた。業界紙の反応も早く、1937年、フランスの自転車雑誌がフュニキロを「しなやかなフレーム」と称している。その言葉どおり、フュニキロのフレームはしなやかで、この自転車のもっとも画期的な特徴といえた。かつてないギア装置も魅力的な一面だろう。最多で歯数40歯丁のスプロケットに対応するので、チェーンリングひとつで簡単に登坂できる。この点から、フュニキロはアメリカで第2次大戦後開発されたマウンテンバイクの前身と見てもいいだろう。

　シュルはフュニキロのいたるところに工夫をこらした。フロントブレーキはとくに斬新で、従来の問題を効果的に解決している。ブレーキ装置は当時のほかのフランス製自転車と同じように、フレーム内部を平行に走る2本のケーブルでリアブレーキを作動させるつくりだ。だがブレーキアームは従来型とはかなり異なっている。走りには直接関係しない細部のデザインにもシュルのセンスがあふれている。たとえばシートチューブのフロントカバーには、空気ポンプを収納することができた。

　だが、すべてが特別というわけではない。これほど独創的なつくりであるにもかかわらず、タイヤは当時の標準モデルを使用していた。ガラス片や釘で簡単にパンクするような代物だ。非常に高性能なのに、道ばたの石が脅威になろうとは驚きである。そのため田舎道の走りやマウンテンバイクとしての性能には限界があった。

　フュニキロは商業的には成功しなかったが、個性的な風貌から、のちのコレクターのあこがれになった。現在シュルの自転車はヨーロッパに3台残っているが、いまも乗れるのはそのうち1台だけである。

> 「自分が大統領であることを忘れられるときは一瞬もない。マウンテンバイクに乗って必死に走っているときは例外だが」
>
> 　　　ジョージ・W・ブッシュ
> 　　　　　（2013年）

29：ケートケ
トラック用タンデム

　サイクリング黎明期、タンデム自転車は1人乗り自転車より速く、トラックレース用タンデム自転車はそれよりさらに速いということがすぐに立証された。第2次大戦後に人気がおとろえるまで、タンデムレース用自転車はヨーロッパで製造されつづけた。もっとも評価されたのは、ドイツのフリッツ・ケートケが所有する会社がケルンで製造するフレームで、愛好家にもプロ選手にも愛用された。

製造年：1928年

製作者：
　ケートケ

製作地：
　ケルン

このマトリックスに代表される現代のレーシングタンデムには、自転車デザインとともに発達したあらゆる技術が使われている。

　ライバルたちとは違い、フリッツ・ケートケはフレーム職人というより商人に近かったので、軽量化に必要な部品をおもにイギリスやアメリカから輸入していた。最高品質の部品や素材しか使わない主義だったため、彼の軽量レーシングタンデムは人気を博した。

　ケートケのような高速自転車のおかげで、タンデムレースはスリル満点で観客も大いに沸くスポーツに成長した。弱点は、2人1組の乗り手から生まれるパワーとスピードのために、大きな事故につながりかねないことだ。病院行きになったタンデムスプリントの選手はじつに多い。そのため世間の反発にあい、タンデムレースはオリンピックからも、のちのアメリカの競輪場からも姿を消した。結局エキシビション競技となり、ゆったりしたスピードしか出さないイベントや、パラリンピックでしか見られなくなった。

　それでも1920～1950年代にかけてタンデム自転車は大人気で、競技場外のツーリングやロードレースでも使われていた。軽量で頑丈なモデ

118　図説自転車の歴史

パラリンピックのタンデムレース

　近年、タンデムレースはパラリンピックで人気を集めている。はじめて採用されたのは1988年のソウル大会だ。2人の選手が互いに補いあうことがこの競技の魅力である。視力に障碍がある選手が後部に乗り、健常者の選手が前方で目となり「パイロット」をつとめる。これにより後部の選手はペダリングに集中し、最大限の力を出すことができるのだ。2012年、ロンドン・パラリンピックのタンデムスプリント決勝では、イギリス人ペア同士の闘いを制したアンソニー・カップスとクレイグ・マクリーンが金メダルを獲得した。

デュラテック・トラックタンデムに乗るジリ・チャイバと盲目のマレック・モフラ。タンデムレースはオリンピックおよびパラリンピックの自転車競技のなかでも非常に人気がある種目だ。

ルが発売されると魅力はさらに増し、1906～1972年まではオリンピック種目としても採用されていた。1928年のアムステルダム大会の決勝戦は、タンデムレースらしい盛り上がりを見せた。オランダペアと優勝候補のイギリスペアの一騎打ちとなり、最終コーナーまでリードを保っていたイギリスペアをオランダペアが追い越し、金メダルのゴールを切ったのである。

新記録樹立

　1人用自転車と同じく、究極のタンデムレースはアワーレコードだった。1936年、フランスのモーリス・リシャールとパートナーがデランジュ・レーシングタンデムに乗り、時速45キロ越えに挑んで48.668キロの記録を打ち立てた。スポンサーだったシクル・デランジュは、パリに拠点を置く高級自転車専門メーカーで、カタログでは自社製品が56の世界新記録を樹立したとうたった。

　翌年、この記録はイギリス人ペア、アーニー・ミルズとビル・ポールに破られる。1934年にイギリス国内の12時間記録を打ち立て、1936年には「世界一のパフォーマンス」によってみずからの記録を更新したペアだ。リシャールが走ったイタリアのヴェロドローモ・コミュナーレ・ヴィゴレッリで、ミルズとポールはタンデムのアワーレコードを49.991キロに塗り替えた。この記録は、マンチェスター競輪場でラトランド・サイクリング・クラブのサイモン・キートンとジョン・リッカード組に破られる2000年9月まで続いたのである。

30：変速機（ディレイラー）

レース用ギア

　19世紀のあいだ、サイクリストはどんな勾配でも最大のスピードを出せる効果的なギア装置を熱望していた。多段変速機が搭載されるまで、レース用自転車は、両サイドにそれぞれ2つ歯車をつけられる両面リアハブを採用していた。ギアチェンジのためには自転車から降り、後輪をとめているウィングナットをゆるめ、別サイズの歯車を使うために後輪の向きを変えてチェーンをかけなおし、ふたたびナットを締めなければならなかった。現代のF1カーのタイヤ交換のように、レースでは適切な交換時を見きわめることが肝心だったのだ。求められていたのは、より簡単なギアチェンジの方法だった。

製造年：1938年

製作者：
サンプレックス

製作地：
パリ

　この問題を解決するために、さまざまな変速機が設計、製造された。ひとつのギアから別のギアへチェーンを移動させるために、金属製のロッドを利用するタイプもあった。そういう初期の変速機は、チェーンステイに固定されたブラケット上にガイドプーリーを置いていた。自転車ジャーナリスト、ポール・ド・ヴィヴィの設計した変速機もその例で、彼は1905年に発明した後輪2段変速機でアルプスを越えた。

初期のギアチェンジ

　熱烈なサイクリング愛好家だったヴィヴィは、28歳で最初のハイホイーラーに乗ったのがきっかけで、当時手がけていたシルク取引の事業をやめて自転車店をはじめた。1887年にはル・シクリスト誌の刊行もはじめ、「ヴェロシオ」というペンネームでサイクリングの楽しさを紹介した。根気強い発明家で、当時はめずらしかったギア付き自転車が今後はサイクリングの主流になると確信していた。その頃のギアチェンジャーは使いにくくあてにならなかったが、ヴェロシオは研究を続け、時間をかけさまざまなギアシステムを考案した。技術改革と宣伝面の努力が実ってようやく変速機が完成し、比較的信頼性の高いモデルがトゥーリによって生産された。

　初期の変速機の欠点は、最大のスプロケットを搭載するために、ガイドプーリーをかなり前方に設置しなければならない点だった。そのため、小さなスプロケットが遠くなり、ハイギアとローギア間のチェンジが遅く、走行距離にかなりのむだが出た。

カンパニョーロ。自転車の歴史における3大ギアシステムのひとつ。

フランスの変速機の名ブランドはサンプレックスとユーレの2社で、同じ製品を製造するライバルだ。1938〜1954年、両社のリア変速機に競合製品はほとんど存在しなかったが、イタリアのカンパニョーロ社がデザインと品質を両立した高性能品を開発した。結局、サンプレックスとユーレはみずからの標準デザインをすてて、カンパニョーロのパンタグラフ式に追従することになる。その原理は現在も使われている。

　複数チェーンリングが登場するまでは、後輪スプロケットだけで変速するのが一般的だった。そのためクロスレシオ［ギア比の小さい変速機］にはすばやい動きで確実に反応した。さらに、後輪をとりはずすのも簡単で、タイヤ交換が楽だった。しかし、チェーンリングが複数になるとチェーンのたるみをとる手段が必要なので、ダブル・ガイドプーリーが導入された。これはサンプレックスのツール・ド・フランス・モデルや、類似した設計のユーレ製品に採用された。サンプレックスやユーレのフロント変速機のメカニズムは、シンプルだが非常に効率的だった。フレームのダウンチューブやハンドルについた便利なレバーで操作できる現在の仕組みとは違い、これら初期のモデルは腕を直接チェーンリングの上へ伸ばし、操作ロッドでギアを変えた。

サンプレックスとユーレは1930年代以降、フランスを代表するギアメーカーだった。

変速機の問題

　変速ギアは、ツール・ド・フランスで使用が禁止されていた1919〜1937年のあいだはほとんど改良されなかった。そのあいだはフリーホイールが使われるロードレースでは、変速機の使用は一般的に禁じられていた。固定ギアとフリーホイールが混在する状況では、カーブで差がついた。固定ギアはカーブでもペダルをこがなければいけないので速度が落ちたが、フリーホイールはペダリングを止めることができるのでカーブでも支障がなかったのだ。変速機付きの自転車専用のヒルクライム（登坂）レースもあり、変速機メーカーがスポンサーになることも多かった。

30：変速機　121

ツールへの復帰。パンタグラフ式変速機でギアの性能はさらに向上した。

1928年には、さらに実用的なシステムが登場した。チャンピオン選手オスカー・エッグが設立した会社のスーパー・チャンピオン・ギアと、ヴィットリア・マルゲリータ・ギアだ。これらの変速機は、チェーンステイ上に「パドル」を搭載し、シングルレバーのチェーンテンショナーをダウンチューブの付近あるいは上にとりつけた。どちらのシステムも、ロッドで操作するカンパニョーロのカンビオ・コルサともども、最終的にはパンタグラフ式リンク機構の変速機にとって代わられた。1937年、ツール・ド・フランスでふたたび変速機の使用が容認されると、それが追い風になって変速機は進化する。しかし、ロードレース用装備として普及したのは、1938年にサンプレックスがシフトケーブル式変速機を発売したときだ。これはまさに次世代の変速機で、ガイドプーリーが左右に動いてギアチェンジし、スプロケットサイズに応じて前後の位置どりを決めた。

磨きのかかったサンプレックス

サンプレックスの変速機ケージは、現在もよく使われるものに似ていた。ケージ軸はガイドプーリー用シャフトの裏側下部に設置されている。この設計の問題点は、ブッシュが実際に必要な直径より短かったことだ。そのため泥や土が入りこんだら、ギアチェンジが困難になった。サンプレックスがライバル社よりすぐれていたのは、2つめのチェーン張り用スプリングとピボットがメインアームの上部にあることだった。このスプリングとピボットがあるために、どんなスプロケットサイズでもガイドプーリーはスプロケット付近にとどまることになる。プーリーとスプロケットを近づけることで、切れのいいギアチェンジが実現したのだ。

カンパニョーロ変速機

　変速機の開発を語るうえで欠かせないもうひとつのトップメーカーが、イタリアはヴィチェンツァのカンパニョーロだ。1927年、若き自転車レーサー、トゥーリョ・カンパニョーロは、グラン・プレミオ・デラ・ヴィットリア・レースでクローチェ・ドーネ峠を走っていた。後輪をはずしてギアチェンジをしようとしたが、大きなウィングナットが凍りついていて、かじかんだ手ではゆるめることができなかった。1938年までは、これがロードレースの一般的なギアシステムだったのだ。通常「フィックス・アンド・フリー」とよばれる両面ハブで、後輪片側には固定ギアが、反対側にはフリーホイールがとりつけられていた。スプロケットの選択は、平地では高ギア比の固定ギアを、上りや下りでは比較的低ギア比のフリーホイールを選ぶ。急勾配がないレースでは、両側固定ギアのホイールを好む選手が多かった。ギアチェンジのためには、カンパニョーロがやったように、選手は自転車を降り、後輪をとめているウィングナットをゆるめ、後輪を裏返し、チェーンをかけなおしてナットをまた締める。ナットをゆるめる場面はまだまだあり、おそらくタイヤがパンクしたときの交換時がもっとも多かっただろう。

　その日カンパニョーロは、レースには負けたかもしれないが、ギア装置を改良しようという新たな目標をみつけたのだ。カンパニョーロは研究をはじめ、1930年、レバーひとつで車輪をはずせる世界初のクイックリリース・ハブを開発する。これが3年前にみずからに課した課題への答えだった。その後1940年には、ダブルレバーのカンビオ・コルサ・シフターを開発する。2本のレバーと2本のロッドで変速機を操作する装置で、シートステイ右側にとりつけられた。レバーの1本は後輪のク

> 「リアホイールを改良しなければならない」
>
> トゥーリョ・カンパニョーロ
>
> （1940年）

トップを守る。1940年代のカンパニョーロ社カンビオ・シフター。

30：変速機

1950年ツール・ド・フランスで力強くピレネー山脈を越えるジーノ・バルタリ。

イックリリース用、もう1本はチェーンを左右に動かすフォーク状の装置用だった。ガイドプーリーやチェーンのたるみ調整の仕組みはなかった。

　リアドロップアウトは水平で、現在のものより若干長く、チェーンのたるみはホイールを前後に動かすことで修正された。つぎに登場したのがルーベ・シフターで、ひとつのレバーでクイックリリースとチェーン操作を行うことができた。シフティングは現在の基準に照らすと原始的だが、1951年にカンパニョーロのグラン・スポーツ型が登場するまでの10年間は、多くのプロ選手が愛用した。

　第2次大戦後、カンパニョーロはプロレーサーが認めるブランドになり、ファウスト・コッピやジーノ・バルタリといった名選手も使用した。カンパニョーロのシフトケーブル式のパンタグラフ機構は現在の自転車にも採用されている。カンパニョーロの製品は、変速機、シフター、ハブ、カセットスプロケット、チェーンなどのドライブトレイン一式におよんだ。パンタグラフ式リア変速機にくわえ、パンタグラフ式フロント変速機も開発した。これには他社もたちうちできず、数十年にわたり、大半のレース用自転車や予算度外視の高級自転車は、どれもカンパニョーロを搭載した。それ以前の標準的なフロント変速機は、シートチューブ延長線上のピボットにとりつけるフォークにすぎなかった。そのアーム部分はハンドルまで伸びていて、選手はひざのあいだに手を伸ばし、フォークを倒して操作した。

　トゥーリョ・カンパニョーロがすぐれた部品を製造できたのは、彼自身の経験によるところが大きいといえるだろう。メーカーとエンドユーザー両方の視点をもちあわせていたのが強みだった。現代の企業の研究

開発部を先どりするかのように、トゥーリョはみずからレースにも参加し、選手の意見に耳を傾け、その声にこたえて製品を改良したのだ。

正確なシフティング

1949年、変速機の歴史に新たな前進があった。パンタグラフ式がスライドブッシュ式にとって代わったのだ。のちにサンツアーが改良し、15年後の1964年に「スラントパンタグラフ」として発売した。スプロケットサイズにかかわらず、ガイドプーリーをスプロケットからほぼ同じ距離に保つことが可能になり、よりスムーズなギアチェンジが実現した。問題は、まず「おおよそ」のギアチェンジをしてから、微調整する必要があった点だ。そのためギアチェンジ全体には時間がかかった。また、搭載できるスプロケット数もかぎられていた。というのも、スプロケット間に必要な間隔が非常に広めだったためだ。このシステムは約20年間続いた。ギアチェンジのためにはレバーを動かしてケーブルの張りを変え、それによってチェーンをはずすという弱点はあったものの、操作性はよかった。

特許の有効期限が切れると、ほかのメーカーもこの方式を採用し、変速機の性能を上げた。1990年代以前に変速機市場に参入したのは、サンプレックス、ユーレ、ガリ、マヴィック、ジピエンメ、ゼウス、サンツアー、シマノなど、数多い。しかし、1985年、シマノのインデックス式シフトが大々的に発表され広く浸透すると、シフトレバー、変速機、スプロケット一式、チェーンリング、チェーン、シフトケーブル、ケーブルハウジングなど、システム一式の開発が必然となる。その結果、ひとつのブランドのセット使用が増え、ほかのメーカーが市場から追いやられる要因のひとつになった。現在の変速機市場は、シマノとカンパニョーロの2大メーカーの独壇場といってもいい。カンパニョーロはロードレース用の変速機のみ、シマノはロード用とオフロード用両方を手がけている。2006年にロード用のドライブトレインを開発したアメリカのマウンテンバイク用変速機専門メーカー、スラム（SRAM）は、3番手の位置づけだ。

近年は技術革新が進んで変速機も電動化され、非常に正確なギアチェンジと使用するケーブル数の削減に成功した。それでもいまだに固定ギアを好むサイクリストも多く、どんな地形でもギアチェンジができない状況をあえて楽しんでいるようだ。彼らにとってそういう走りはトレーニングでもあり、真のサイクリング体験でもあるらしい。

さらに複雑に。時代とともにギアシステムのスプロケットは増えていった。

31：ベインズ VS 37
1930年代の傑作

　ベインズ VS 37 は、1930年代にイギリスで製造されたレース用自転車の傑作である。レッグとウィリーのベインズ兄弟が設計した。37 という数字は、ホイールベースのインチ数である（約95センチ）。通称つむじ風、のちにフライングゲートとよばれるようになったこの自転車は、当時のアイコン的1台だ。ベインズ兄弟は、このホイールベースの短いフレームデザインにつけられたあだ名が気に入らなかったようだが、世間では愛され定着した。ベインズは非常に魅力的だったので、のちのモデルはビンテージ自転車コレクターがこぞってほしがるようになった。

製作年：1938年

製作者：
　ベインズ

製作地：
　エックルスヒル

　当時はベインズのような小規模なメーカーにとって幸運な時代だった。第1次大戦後、イギリス社会にも自転車が浸透し、サイクリングが一般的になったためだ。自転車が日常の移動手段となり、ごくふつうの人々が大勢自転車に乗り、週末には郊外へ出かけるようになっていた。
　戦後の自転車ブームの一端をになったベインズ一家は、長い歴史のある自転車商で、1924年にウィリーとレッグが家業を継いだ。ある日古い自転車デザインの本を見ていたレッグが、急角度のシートチューブに短いチェーンステイの自転車について解説されているページをみつけた。これはもっとスピードの出るフレーム設計のヒントになるとレッグは確信する。さまざまな自転車誌の読者欄にも、フレームのたわみが小さくなるのでチェーンステイが短ければよりスピードが出る、という意見がよせられていた。さっそくベインズ兄弟は設計にとりかかった。サドル支柱はまっすぐに、シートチューブは垂直にして、フレームのトッ

ベインズ VS 37。1930年代のイギリスを代表する傑作。

126　図説自転車の歴史

ベイリス・ワイリーのハブ。ベインズ自転車の大きな特徴。

プチューブは長めにとり、その端にサドル支柱をのせた。さらにシートステイを2組にして、そのあいだにサドル支柱を延長した。

VS 37の新たなフレームデザインがはじめて登場したのは、1936年11月のサイクリング誌上だった。そのころ会社の経営状態は悪化しかけていたが、サイクリング愛好家の評判が上々で注文数が伸びたため、ベインズ兄弟は製造ラインを2つ増やすことができた。VS 37のデザインは複雑で、製造には正確さが求められた。手作業で切り出したラグに、誤差のない正確な長さのフレーム、そしてなめらかなロウ付けが不可欠だった。垂直のシートチューブに合わせて、ボトムブラケットシェルとシートチューブ用ラグはバーミンガムのヴォーン社の特注品を使う念の入れようだった。

成功への飛翔

1938年の時点で、フライングゲートには3種のモデルあった。オリジナルのVS 37、V 38、そしてインターナショナルTTモデルである。この後期モデルは、1937年のマン島TTレースに出場したジャック・ファンコートがフライングゲートで優勝したのちつくられた。インターナショナルTTモデルは、VS 37と同じフレームデザインだが、ホイールベースが100センチと長く、ロードレースと変速ギア搭載用に改良されている。このモデルはジャック・ファンコートやジャック・ホームズが1938年、1939年のブルックランズやドニントンでのスピードレースで使い、多くの勝利をおさめた。1938年にはファルケンブルクの大会で世界チャンピオンに輝いている。

第2次大戦で生産は一時休止したが、終戦後1つのモデルにしぼりこんでフレーム製造を再開する。それが「つむじ風」こと、のちのフライングゲートだ。乗り手の好みでホイールベースとフレームデザインを決める受注生産だった。戦後数年間は特性ボトムブラケットシェルやシートチューブ・ラグが入手できなかったので、在庫品が底をつくとラグの代わりにロウ付けで対処した。

改良型フライングゲート

　1953年、ベインズは自転車製造を中止する。その後フライングゲートのデザインは、1970年代末に意匠権を手に入れたイギリス人、トレヴァー・ジャーヴィスの手でよみがえった。ジャーヴィスがフライングゲートに惚れこんだのは、古びた1台を修理して乗ってみたところ、走りが風のようだったからだ。フライングゲートはほかの自転車とはあきらかに違うとジャーヴィスは述べている。彼は設計技師で、大の自転車愛好家でもあり、バートン・アポン・トレントで小さなエンジニアリング会社を営んでいた。その技術を生かして自転車フレーム製造をはじめたいと考え、T・J・サイクルを設立する。しかし長らく続いてきた自転車業界で有名ブランドになるためには、ほかとの差別化をはからなければならなかった。

　こうしてジャーヴィスはベインズのデザインを継承して生産をはじめ、今度は簡潔にフライングゲートと名づけた。1970年代末～1980年代初頭にかけて、タイムトライアル用からツーリング用まで、かなりの台数がバートン・アポン・トレントのT・J・サイクルで生産された。1984年、ジャーヴィスは生産拠点をテンベリー・ウェルズに移し、小規模ながら現在も製造を続けている。そのフレームは美しい手作業のラグが特徴で、89センチという短いホイールベースも個性的だ。

ベインズには独特の個性があり、とりわけ装飾的なギアチェンジ・レバーは目を引いた。車体全体がていねいに手作りされた風情をまとっている。

ベインズと同時代の自転車

　新型ベインズの特徴は、2つの固定スプロケットと固定ハブだった。ホイールのどちら側にでもとりつけられ、2種類のギア比を可能にするためにホイールの向きを変えることができた。問題はチェーンの張りを厳密にするための操作に手間がかかることだった。

　ベインズ以外にも、1930年代のイギリスには優秀な自転車メーカーが数多く存在した。たとえばF・W・エヴァンズは、みずからフレーム製造はしなかったが、アイディア豊富な自転車店経営者だった。1920年代初頭にサイクリング誌の編集長を数年つとめ、その後1922年にロンドンでみずからの自転車店をはじめて開いた。「ラス」ことウィリアム・ラスボーン・パシュレイもベインズと同時代のメーカーだ。彼はパシュレイ・アンド・バーバーをバーミンガムに設立した。大胆にも、「あらゆる種類の自転車を製造する」と広告し、「バーミンガムが製造するのは最高の自転車だけ」とうたった。

パシュレイ・ガヴナー。ベインズの最高傑作に挑んだイギリスの自転車。

　フライングゲートが生産当初から明確に売りこまなければならなかったのは、レースでの使用はもちろん、ツーリングにも最適という点だった。緻密なつくりで走行が安定しているため、重たい荷物をのせても扱いが楽だし、フレームもたわまないので登坂にも問題はない。ホイールベースが短いので、走りにも切れがある。シートチューブが垂直で後輪がボトムブラケットに近くなるので、車体がさらにポジティブになる。斜めに傾斜するシートチューブよりも、垂直なシートチューブのほうがクランクに推進力を伝えやすい利点もあった。

　このほかにも、リアドロップアウトから伸びる細い筋交いが垂直シートチューブをしっかり支えるので、ツーリングに出るとヘッドチューブとシートのあいだのぶれが抑えられるという長所がある。こうした筋交いをくわえても重量がほぼ変わらないのは、従来のシートチューブより径が小さいためだ。フレームの構造を変えることなく、トップチューブを好みの長さに変えられるのも独創的だ。これにより、ほぼ無限に乗り手の身長に合わせることができるので、タンデム用フレームにはとくに適している。

32：ビアンキ

偉大なるファウスト・コッピ

　第2次大戦後、打ちのめされたイタリアの自尊心を回復する手助けをしたスポーツ界の英雄のひとりが、偉大なる自転車レーサー、ファウスト・コッピだ。コッピ愛用の自転車はビアンキで、色はビアンキのイメージカラー、ターコイズグリーンだった。コッピの走りは、自転車と完全に一体化したかのようだったといわれている。その独特な色とあいまって、ビアンキはロードレース用自転車の世界では伝説であり、イタリア最古の自転車メーカーのひとつでもある。伝説のはじまりは1885年、ミラノのニローネ通りだった。

製作年：1952年

製作者：
　ビアンキ

製作地：
　ミラノ

　エドアルド・ビアンキがすばらしいアイディアを思いついたのは、いまから1世紀以上も前のこと、自分の自転車の前輪径を小さくし、チェーンをくわえて前後輪の動きのバランスをとり、最終的には前輪をペダルの高さにまで低くしようというものだった。
　これがビアンキ型安全自転車のはじまりだった。つぎの1台はさらに車輪を小さくし、前後輪をほぼ同じ大きさにした。それが製品化されると、1899年、ビアンキの自転車は国際レースで初勝利をおさめる。トマゼッリがグランプリ・ド・ラ・ヴィル・ド・パリで優勝したのだ。ファウスト・コッピがレース用自転車に乗る年齢に達する頃には、ビアンキはイタリアのスポーツ界でもっとも重要なブランドに成長していた。

伝説のはじまり

　ファウスト・コッピは、1919年9月15日に貧しい農家に生まれ、家から20キロメートル離れた食肉店で働くようになった。彼のずば抜けた才能は、この頃からかいま見えていた。毎日自転車で仕事にかよったが、ペダリングがあまりに速かったので、全速力で走る大勢の自転車愛好家を途中で追い抜くほどだったらしい。彼の自転車選手としての潜在能力を最初に見抜いたのは、マッサージ師にして元サイクリングチーム監督、ビアッジョ・カヴァンナだ。カヴァンナの指導のもと、コッピはめきめき腕を上げ、1940年にプロに転向しレニャーノ・チームに所属すると、20歳の若さでジロ・デ・イタリア初優勝を飾る。1942年には、45.798キロメートルのアワーレコードをたたき出し、その記録は1956年にジャック・アンクティルに破られるまで14年間続いた。
　コッピは第2次大戦がはじまるとイタリア軍に所属したが、上官たちは自転車のトレーニングが続けられるようにと寛大なはからいを見せた。1943年3月、北アフリカへ送られイギリス軍捕虜になる。捕虜収容所で雑務をしているときに、偶然イギリスの自転車選手に出会った。彼は、自分の髪を切っている捕虜があの名選手ファウスト・コッピだと気づいて驚いた。自転車雑誌で見たことがあったので、そのイギリス兵

はコッピのことをよく知っていたのだ。戦争が終わると、コッピは自転車レースに戻ってビアンキ・チームにくわわり、その後はずっとビアンキ・チームで活動した。コッピは卓越したアスリートだったが、体は決して強靱ではなかった。胸郭は大きく心臓の機能もなみはずれていたが、骨格は華奢で、筋肉の発達した太ももと好対照をなしていた。骨がもろいのは、幼少期の栄養不良が原因だ。プロ活動中も、鎖骨や骨盤、大腿骨など、20以上の深刻な骨折を経験し、椎骨がずれたこともある。

コッピが厳しいトレーニング方法をあみだしたのは、この虚弱さに起因しているのかもしれない。日々のトレーニングだけではあきたらず、徹底的な栄養管理をし、これまでの選手のように朝からステーキを食べるようなことはしなかった。消化不良と神経性胃炎に悩まされていたので、体調をくずしやすかったのだ。そのため少量ずつ、回数を増やして食事をするようにし、タンパク質は避けて炭水化物を多くとった。

食事だけではなく、コッピの人生すべてが綿密な計画にもとづいていたようだ。レース戦略を細部まで確認し、バックアップ・チームには徹底的に指示を出す。ステージごとにポイントとなる地点を決め、どこでライバルをつき放すか入念に選ぶ。まるで軍隊のような手ぎわのよさだ。もちろん装備はいつでも完璧なコンディションだった。

黄金期のチャンピオン

ファウスト・コッピとビアンキの快進撃は、1940年、ジロ・デ・イタリアの初勝利からはじまった。つぎの優勝は、アワーレコードの世界記録を樹立した1942年だ。第2次大戦終結の2年後には、追い抜きレー

レースの痕跡。ファウスト・コッピの風雨にさらされたビアンキ。

スの世界チャンピオンになり、ジロ・デ・イタリアでもふたたび勝利した。コッピの走りをまのあたりにした人々は、スムーズなペダリングが勝因だろうと考えた。それはほぼ「完璧」だったと語り継がれている。しかし緻密さとともに、無謀さももちあわせていたのがコッピだった。1949年のジロ・デ・イタリアでは、ゴールまで190キロの地点で早々に集団から飛び出し、彼が異端の存在であることを見せつけた。それほどの距離を残してしかけるなどとんでもないというのが、大方の見方だっただろう。しかし勝利をおさめたことでコッピは自信を深め、信じられないスタミナと独特のレースセンスを証明したのだ。

　そのスタミナのおかげで、コッピは自転車レース黄金期のチャンピオンになった。記録はどれも華々しく、ジロ・デ・イタリアの優勝は5回を数え、1949年にはツール・ド・フランス初優勝も飾った。そのときはサンマロ・ステージで激しく落車し、大幅な後れをとって優勝争いから脱落したも同然だった。だがコッピはあきらめず、その時点でトップを走っていたフランス人選手マリヌリに1時間で追いついた。最終的にはバルタリと競い、バルタリは2位に終わっている。コッピは1952年にツール・ド・フランスでふたたび総合優勝を果たした。

　当時イタリアの自転車レース界には、2人の英雄がいた。ファウスト・コッピとジーノ・バルタリだ。2人にはつねにイタリアメディアがはりついていた。バルタリは、コッピがはじめて注目されたときはすでにイタリアのチャンピオンで、その後ふたりは15年近くにわたりライバル関係になる。人柄も対照的で、バルタリは保守的で信仰心があつく、牧歌的なイタリア南部で尊敬を集めた。一方コッピは世俗的で、最新のトレーニング法にこだわる現実家で、産業が盛んな北部で人気があった。ふたりはお互いを「あいつ」「あっちのやつ」とよび、ジロ・デ・イタリアやツール・ド・フランスはもとより、数々の1日レースでしのぎを削った。みずからの能力とイタリアの心をかけた2人の闘いは、歴史にきざまれている。

　2人のレース人生がからみあったのは1940年1月7日、レニャーノ・

1946年、ミラノ〜サンレモ・レース

　コッピの大勝利のひとつが、1946年のミラノ〜サンレモ・レースだ。コッピは9人の選手らとともに、292キロのレースの5キロ地点を走っていた。トゥルキノ山の上りで、コッピは9人を抜き、2位の選手に14分の差をつけて勝ち、ジーノ・バルタリ以下残りの選手には18分30秒差をつけた。輝かしいキャリアの頂点は、1950年のパリ〜ルーベ・レースと、1953年の世界選手権ロードレースの勝利だった。1957年、成績は下がりはじめたが、それでも過去の実績のために莫大な出場報酬を得ていた。1952年の時点で、万全なときのコッピには実質的なライバルはいなくなっていた。その年のツール・ド・フランスでは驚異の28分差で優勝し、山岳コースだけではなくタイムトライアルでも無敵になった。

最後の勝利。マラリアで亡くなる数週間前のファウスト・コッピ。

チームのリーダー、エベラルド・パヴェシがバルタリのアシストにコッピを迎え入れたときだ。その年ジロ・デ・イタリアで優勝したのは、補佐役だったはずのコッピで、スター選手のバルタリは残りのチームメイトとともに後ろから彼を追うはめになった。1948年のオランダの世界選手権では、チーム内で協力するべき場面で2人とも棄権し、イタリア自転車連盟に激しく非難される。個人的な競争にとらわれ、本来示すべきイタリアの威信に敬意を表することを忘れたとの理由で、2人は3カ月間の試合出場停止になった。1952年、ツールのイゾアール峠で水を分かちあい、ようやく和解したかに見えたが、どちらが先に水を渡したかで口論になる始末だった。

　しかし、ファウスト・コッピは私生活では大いなる敗北を喫した。弟のセルセが1951年に悲劇的な事故で亡くなり、その後も不倫スキャンダルにみまわれる。そしてマラリアが原因で40歳という若さで他界した。危険に挑み、スキャンダルにまみれた男に似つかわしい最期にも思える。

　時代の異なる選手を比較するのはばかげているが、自転車ライター、ビル・マクガンは、栄光のファウスト・コッピをしのぐ選手がいるとしたら、1960～70年代に活躍したエディ・メルクスだけだと述べている。コッピは、アワーレコード、世界選手権、グラン・ツール、クラシックレース、タイムトライアルと、あらゆるレースの記録を残している。フランス人自転車ジャーナリスト、ピエール・シャニーによると、1946～1954年のレースではコッピがひとたびメイン集団から抜け出すと、集団はレース中に2度と彼の姿を見ることはできなかったという。メルクスも、自分は意志の力でみずからを極限まで追いこんで勝ったが、ファウスト・コッピはゆうゆうと、上品に勝ったと述べている。

33：BSA パラトルーパー
自転車の軍事利用

　戦時中に使われた自転車の歴史だけで、本が1冊書けるだろう。おそらくもっとも有名な軍事用自転車は、第2次大戦中にヨーロッパで使われたBSAエアボーン自転車だ。当時イギリス軍唯一の輸送用戦闘機はホットスパーだったが、スペースにかぎりがあった。そこでBSA（バーミンガム・スモール・アームズ）社が半分に折りたためる自転車を開発、パラシュート部隊は戦闘機からそれをもって落下することが可能になった。着地後広げて移動手段として使うことができるこの自転車の生産は、すぐに最優先事項とされ、ノルマンディ上陸作戦やマーケットガーデン作戦などの空挺部隊降下作戦までに、十分な数が確保された。

製作年：1944年

製作者：
BSA

製作地：
バーミンガム

　1世紀以上にわたり、軍の作戦立案者はなんとか自転車を活用できないかと考えていた。自転車なら歩兵より多くの物資を運ぶことができ、長距離を移動できるのは明らかだ。問題は、利用法を正確に見きわめることだった。固いリムとタイヤの時代は自転車利用にも限界があったが、1890年代、空気タイヤの登場で新たな可能性が生まれた。乗り心地が格段によくなったため、戦場では騎兵隊員の役割を果たし、偵察や伝令用として使われるようになった。

　19世紀末には戦略家の強い主張で、ヨーロッパやアメリカで自転車部隊が編成される。これに刺激を受けた西側諸国は、自転車部隊の可能性を模索しはじめた。自転車が砲台として利用できるか確認するために、ライフル銃を車体横に積んでハンドルバーから射撃する実験や、サイドカーに搭載した機関銃の実験も行われた。しかし目立った成果は見られず、しだいに機動部隊としての可能性に注目が集まるようになった。

　この部隊展開が実践されたのは、1885年イギリス軍恒例のイースター大演習で、偵察活動にサイクリストが導入されたときだ。これが成功したので、1885年、イギリスライフル義勇軍にハイホイーラーの自転車部隊がつくられ、おもにイギリス沿岸部の偵察活動を担当した。この実戦に気をよくした司令官がいたのか、1888年には、第26ミドルセックス自転車ライフル義勇軍が結成された。1908年の、ホールデーン卿の義勇軍再編による国防義勇軍発足までは、それが唯一の自転車部隊だった。イギリス軍はさらに野心的になり、1890年、8人乗りの8輪車という奇抜な乗り物を生みだすが、これは失敗に終わる。動力が乗り手の体力頼みだったため、「ヘルニアの恐怖」と揶揄された。

　フランス軍も自転車部隊を投入した。1892年、アルマン・プジョーがトップ自動車メーカーになるはるか前に、フランス軍用に折りたたみ自転車を製造したのが最初である。それと同じく成功したのが、イタリアのエドアルド・ビアンキの1905年の軍用自転車だ。おもに山岳地帯で使われ、多くの点で現在のマウンテンバイクの先駆けといえる。当時の政治的背景を考えると、オーストリア軍やドイツ軍も自転車の利用を

騎兵隊の代わり？

　1899〜1902年のボーア戦争のあいだ、ボーア人側は偵察活動に、イギリス軍側は攻撃を受けやすい鉄路の監視や伝令に、自転車を利用した。記録に残っている事件もある。トランスヴァール共和国のハマンスクラールで、11人のニュージーランド軍兵士が自転車で10人のボーア人騎兵隊を追い、逮捕したのだ。ボーア人側も自転車で成功をおさめた。司令官ダニー・セロンは、自転車の「セロンの偵察部隊」をつくり、イギリス軍最高司令官、陸軍元帥ロバーツ卿をして「イギリス軍の前進という肉に刺さる、もっとも固いとげ」と言わしめた。ボーア戦争での体験がイギリス軍に、戦場で自転車は使えると証明したのだろう。1908年、5つのイギリス歩兵大隊が自転車部隊を展開し、3つの新たな部隊も結成された。その後8年間、さらに5つの「ホイールマン」や「サイクリスト」部隊が起ちあげられた。

検討していたことは驚くに値しない。
　まもなくアメリカ軍もこれにならい、さまざまな自転車部隊をつくった。初期のひとつがコネティカット州軍第1通信隊で、1891年、公式にアメリカ軍初の自転車部隊を編成した。機動力のある自転車は、手旗信号よりも迅速に通信文を送れることがすぐに判明する。そこで別の部隊は伝令係に自転車を配布し、通信文をリレー方式で送りはじめた。

世界大戦と自転車

　第1次大戦当初は、自転車が大きな役割を果たすように見えた。戦時動員がはじまると、大勢のサイクリストが国防のためにフランスへ送られる基幹人員として動いたり、軍事企業に配置されて偵察活動についたりした。戦争がはじまり、戦場の移動がかなめになると、両陣営とも大

第2次大戦中の自転車。有名なBSAパラトルーパー。

33：BSAパラトルーパー　135

量の自転車を投入して兵士をすばやく前線へ送った。しかし作戦が難航し厳しい塹壕戦におちいると、もはや自転車の出る幕はなかった。前線以外では、まれに狙撃手の移動に使われることもあったが、偵察や伝令用の使用が中心だった。第1次大戦ではなにもかもがそうだったが、作戦展開の規模がなみはずれて大きかった。イギリス軍は10万人以上もの兵士が自転車を使い、おもにBSAのマークIVに乗った。だが他国の軍はその数をはるかにしのぎ、フランス軍は12万5000人以上、ドイツでは15万人以上の自転車部隊を配置している。

約20年後、第2次大戦が起こると、自転車が戦場で力を発揮する機会がふたたび訪れる。ドイツ軍は自転車を有効利用してすばやくヨーロッパ中に進軍した。ベルギーやフランスへ先頭をきって侵攻する戦車の後ろには、何千台もの自転車が走っていた。ドイツ軍は数千台の戦車や運搬車、馬が引く荷車の後ろに続く歩兵の移動に、自転車を使ったのである。意外にも自転車は、いわゆる銃後でも利用された。大戦中はガソリン不足だったので、ロンドン大空襲下のイギリスを筆頭に、多くの国で燃料節約のために自転車が使われたのだ。燃料が豊富なアメリカでさえガソリンは配給制だったので、かわりに自転車が低コストの輸送手段として重宝された。しかし両大戦中に自転車がもっとも重要な役割を果たしたのは、戦場での伝令だった。

イギリス軍もまた、自転車を戦争中に大いに利用したが、部隊間の伝令のための短距離移動が多かった。だがノルマンディ上陸作戦では、自転車はむしろ邪魔だったかもしれない。衛生兵ウォルター・スコットは、ノルマンディ上陸作戦の苦しい体験をのちにこう語っている。「わたしは部隊の集合場所へ自転車で向かわなければならなかった。だが自転車はおんぼろで、結局壊れて動かなくなり、後ろの戦車の行く手をさえぎってしまった」

ヨーロッパの戦争

ドイツ軍占領下のヨーロッパで自転車をもっとも役立てたのは、抵抗運動グループだ。ポーランド軍も自転車に力を入れ、歩兵師団が偵察や伝令、移動に自転車を使っていた。フィンランド軍は、1930年代末の旧ソヴィエトとの戦いで自転車部隊を大規模に展開した。1941年には、自転車部隊が先鋒となったが雪が降りはじめ、そこで兵士は自転車を降りてスキーに履きかえた。スウェーデンでも自転車の軍事利用がはじまっていた。第27ゴットランド歩兵連隊が馬の代わりに自転車を使いはじめたのは1901年だ。1942年までに、スウェーデンは6つの自転車歩兵連隊を、1980年代までに自転車ライフル部隊を編成している。

第2次大戦中、自転車で西部戦線をめざすフランス軍兵士。

　自転車の存在がもっとも重要だったのは極東で、のちにベトナム戦争で果たす役割の前触れとなった。1937年、日本軍が中国を侵略した際は5万台の自転車部隊が投入された。さらに1941年、日本軍は自転車を使い、イギリス領マラヤやシンガポールへ侵攻した。数千人の日本軍にとって音の出ない自転車は移動手段にうってつけで、製造も簡単だった。ただし使用されたのは日本製ではなくマラヤ製だ。侵略に使われる軍艦はスペースにかぎりがあり、自転車のもちこみを禁止する指令が出たが、マラヤにはかなりの自転車があると判明したので、日本軍司令官は上陸後ただちに地元住民から自転車を手ぎわよく手に入れるよう部隊に命じた。こうして地元民から奪った自転車で、日本軍はすばやく移動し、撤退しようとする連合軍の退路を断った。背後から近づく日本兵の動きは速く、プランテーションの農道やジャングルの小道、まにあわせの橋で追い抜き、連合軍の兵士を驚かせた。唯一反撃できたのはオーストラリア軍で、自転車部隊が通過した橋を爆破し、同行する自動車部隊から自転車を孤立させた。

自転車で補給される兵器
　軍事利用された自転車でもっとも成功したブランドは、ベトナムの人々が使った地味なフランス製のプジョーと、チェコ製のファヴォリットだといってよい。このローテクの機械が農民兵の足となり、2つの西欧国家の最新軍事兵器に勝利をおさめたのだ。1954年5月7日、ディエンビエンフーのフランス軍の要塞がベトナム独立同盟によって陥落した。だがその6カ月前、独立同盟はすでに勝利を確実にする大量の食料や弾薬を運ぶことに成功していた。600台のロシア製運搬車、平底船、ポニー、そして20万人もの荷運び人が、背骨が折れそうな悪路をもの

ともせず物資を運んだのだ。しかし、その補給ネットワークの中心は6万台の自転車に乗った一般市民で、彼らは戦時下に歴史上最大の自転車移送をなしとげた。

その積載量の多さから、自転車はベトナムの狭いジャングルの道や泥道の移動に最適だった。乗り手は、切り株や倒木だらけで直線が数メートルと続かない細い道を、1日平均40キロも移動した。自転車部隊のリーダーの1人、ディン・ヴァン・タイはこう語る。「われわれはまず荷物を運べるように自転車を改造した。200キロ以上の物資を運べるように車体に横木をつけくわえ、あらゆる部分を強化し、最後に木の葉でカモフラージュして夜間に移動した」。サドルはとりはずし、その支柱から金属や木材、竹のラックを後輪にかけてしばり、バッグや箱をぶらさげた。それからほかの積み荷をロープやタイヤチューブのきれ端でしばりつけた。フレームやフロントフォークを金属や木、竹製の筋交いで補強することもあったらしい。ハンドルバーには竹の棒をくくりつけたが、かなり外側へつきだすので、荷物をいっぱいに積めばバランスよく操縦できる。シートチューブに2本目の棒を差しこみ、自転車を上りでは押し、下り坂ではしっかり抑えることができるような工夫もほどこされた。

素朴な改造自転車だったが、最大270キロの荷物を積むことができた。ちなみに人1人が運べるのは35～45キログラムだった。ディエンビエンフーで記録された1台の自転車の最大積載量は、驚きの328キロだったそうだ。1961～62年にかけての軍事作戦では、1台のファヴォリットがのべ100トンの物資を運んだといわれている。もちろん犠牲がなかったわけではない。フランス軍ものちのアメリカ空軍も、ホーチミンへの補給路を断つことができなかったが、険しい地形自体が独立同盟と

ベトナム戦争では、自転車が兵站活動で大勝利をおさめた。

のちの北ベトナムの荷運び人を苦しめたのだ。現在は72の軍人共同墓地が道沿いにならび、自転車の人々が体験した危険と苦難を物語っている。全体の10〜20パーセントが病気や疲労、野生動物の襲撃で亡くなったと推定されているが、爆弾や銃弾で殺された人の数はそれをはるかに上まわる。

　1960年代には、アメリカがフランスと同じ過ちをくりかえし、自転車を利用した効果的な作戦に驚かされる。当初アメリカではそれがまったく信じられず、上院委員会が開かれ、なぜ軍がほとんど成果を上げられないのか分析された。著名なジャーナリスト、ハリソン・ソールズベリは、ハノイから帰国した直後に委員会に出席、過酷な条件下でも自転車がベトナム兵と北ベトナム軍に物資を供給していると証言した。ソールズベリは、「自転車がなければ、彼らは戦いをやめざるをえない」と結論づけた。これに驚いたフルブライト上院議員は「では橋ではなく自転車を重点的に空爆すればいいではないか？」と、なんともおもしろい意見を述べている。

　アメリカ軍の空爆が効果を上げられないまま激しさを増すなか、北ベトナム軍はザップ将軍のもと消耗戦を続けた。戦場物資の補給は自転車が頼みの綱だったので、ザップは毎日無数の自転車を走らせた。市民は新たな使い方も考案し、原始的な救急車としてけが人を戦場から運び出した。地元プジョーが副次的につくった専用モデルは、外科用器具や医薬品を積むことができ、2つのヘッドライトに、小さな野戦病院で使えるとりはずし可能な電源延長コードも装備していた。2台の自転車を長い竹の棒でつなげて固定すると、担架も2台運ぶことができた。

　ザップの自転車部隊は、いまやなみはずれた数を誇る第559輸送部隊に成長した。5万人の兵士、10万人の労働者、それに2000人の自転車部隊が2つあり、ホーチミンまでの難路を車両代わりに往復して物資補給を行った。この方法で、ザップはアメリカ軍の動きを止めて優位性をくずし、十分な圧力をかけてついにアメリカ軍を撤退に追いこんだのである。

34：モールトン・スタンダード・マーク1
折りたたみ自転車

　おそらく現代の折りたたみ自転車でもっとも成功したデザインは、1950年代後半に登場したモールトン・スタンダードだろう。製作したのはイギリスの技術者、ドクター・アレックス・モールトンだ。モールトンは一般的な消費者の視点に立って自転車デザインを見なおしていた。最初の結論は、従来の自転車はダイヤモンド・フレームが主流だが、乗り手の身長や性別によっては乗り降りがむずかしいということだ。さらに、乗り心地が悪いのは幅の広い低圧のタイヤを使っていないことが原因で、大きなホイールも収納の邪魔と考えた。

製作年：1960年

製作者：
　モールトン

製作地：
　ロンドン

　客観的に見ると、モールトンの考えには一理ある。従来の自転車は現代の大都会の通勤様式にはまったく適しておらず、平均的な車のトランクにさえ入れることができないのだから。

初期の試作品
　初の折りたたみ自転車を考案したのは、イギリスのウィリアム・グラウトだといわれている。モールトンより1世紀近く早い1878年のことだ。大半の記録によると彼の自転車は、折りたたみ式の前輪と、折りたたみというより分解に近いフレームでできていたらしい。そのため厳密には折りたたみ自転車には分類できない。1896年にイギリスで生産されたフォーン・フォールディング・サイクルもこのタイプで、やはり初の折りたたみ自転車とはよべないが、ブレーキと一体化したハンドルバーを折りたためるのは斬新だ。このハンドルの考案者、ウィリアム・クロウは、1899年3月18日に特許を取得した。

アレックス・モールトンの小型自転車は、1960年代にサイクリング革命を起こした。

140　図説自転車の歴史

折りたたみ自転車は、通勤から買い物まで、用途が広い。

　ヨーロッパ大陸も、折りたたみ自転車開発にとりつかれていた。フランスではアンリ・ジェラール中尉が、異論の余地のない折りたたみ自転車の特許を取得した。それが実業家シャルル・モレルの目にとまり、1894年10月、モレルとジェラールは、折りたたみ自転車の製造販売で合意にいたった。モレルはこの事業に出資して生産を監督し、一方ジェラールはフランス軍への売りこみを担当した。1895年4月に生産がはじまると、自転車は好評を博し、生産能力を上まわる注文が入ったほどだ。これがおそらく大量生産されたはじめての折りたたみ自転車だろう。販売計画は前途有望だったので、2人はパリに専門店を開き、一般市民に折りたたみ自転車の販売を開始した。一方ジェラールは、フランス軍に売りこみをかけ、25台の新型車の試用を勧めていた。軍用に開発された「発明品」という噂はすぐに広まり、ルーマニア軍やロシア軍からも注文が入った。この成功が評価され、ジェラール中尉は折りたたみ自転車兵の部隊をまかされて大尉に昇進した。

　自転車の革命ではつねにそうだが、アメリカも後れをとっていたわけではない。世界初ではないにせよ、かなり早い段階でアメリカでも折りたたみ自転車が考案されていた。そのひとつが1887年9月に特許をとった発明家、エミット・G・ラッタの自転車だ。ここで特許申請書の一部を抜粋しよう。「この発明品は、安全性が高く頑丈で、使いやすく、現在使われている乗り物よりも舵とりが簡単である。また、必要のないときは折りたためるため、広い収納場所はいらず、もち歩きも楽である」。ラッタはこの特許を、自転車関連の特許を数多く買収していたポープ・マニュファクチャリング・カンパニーに売却する。ポープ社はコロンビアというブランド名で多くの自転車を製造したが、ラッタの折りたたみ自転車を発売したかどうかは不明である。

　1893年12月にマイケル・B・ライアンが特許を取得した自転車も、アメリカの初期の折りたたみ自転車といえる。ライアンいわく、この乗

34：モールトン・スタンダード・マーク1　　141

初期の折りたたみ自転車は、精巧で複雑な構造だった。

り物は「簡単に折りたたむことができ、それによって全長が短くなるので未使用時や運搬時、あるいは収納の際に場所をとらない設計の自転車」だった。特許が認められるとライアンは、居住地であるコネティカット州ダンベリー近郊のドワイヤー・フォールディング・バイシクル・カンパニーにくわわった。ドワイヤー折りたたみ自転車は、ライアン自身がデザインしているのだろうと多くの人が考えたが、公に彼の設計と認められることはなかった。しかし彼がデザインしていたことを裏づける事実がある。1896年10月13日、ライアンは自分の古いデザインを改良した折りたたみ自転車の特許を申請するが、それは新型ドワイヤー自転車にうりふたつだったのだ。ドワイヤーのパンフレットには、ドワイヤー自転車は「ライアン式調整可能ハンドルバー」に適合すると書かれているが、それはライアンが特許をもっているハンドルバーだった。

これまで多くの国で折りたたみ自転車が生まれたが、おもな目的は軍部への売りこみだった。1890年代に折りたたみ自転車の軍事利用に大きな興味を示した企業は、オーストリアのシュタイアー、イギリスのダーズリー・ペダーセン、ドイツのザイデル・ナウマン、オランダのフォンガースやバーガーズ、そしてフランスのプジョーだ。しかしもっとも有名な軍用折りたたみ自転車メーカーは、イギリスのBSA（バーミンガム・スモール・アームズ）だろう。のちにBSAは、両大戦用に数千台の折りたたみ自転車を製造することになる。

未来の自転車

モールトンが売り出されると、1880年代に安全型自転車が登場して以来の大きな進歩だと歓迎された。メディアは「未来の自転車」ともてはやし、ひっきりなしにイギリスの新聞やテレビで紹介した。モールトン型が「とんでいる60年代」のアイコンになると販売台数が急激に伸び、世界中で数千台も売れた。著名人は得意げに人前でモールトンを乗りまわした。建築家レイナー・バンハムは、モールトンの独創性を賞賛し、女優のエレナー・ブロンはモールトンでフランスを旅したときの体験を本にまとめた。このようにモールトンは大流行したので、乗り手はみずからを「モールトナー」と誇らしげによぶようになった。

20世紀の都会の自転車

　20世紀後半、折りたたみ自転車の市場は変貌した。軍事利用への興味はどんどん薄れ、社会の変化となにより世界中で進む都市化の影響で、新たなブームがまきおこったのだ。アレックス・モールトンは、この流れをつかんで斬新な新型モールトン自転車を世に出した。

　モールトン自転車は、従来の自転車デザインを徹底的に見なおしていた。そのため古いダイヤモンド・フレームではなく、目新しいFフレームを採用していた。レイジーF（ものぐさ）ともよばれるその新型フレームは、トップチューブがないため乗り降りが楽で、とくに体が不自由な人やかさばる服を着ている人には便利だった。モールトンはつねづね、小さなホイールの高圧タイヤのほうが転がり抵抗が小さくなり、速度は増すと確信していた。この確信を胸に、彼はダンロップ社にかけあい、最適な高圧タイヤの共同開発にあたった。同じく重要なのは、乗り心地を向上させるための新型サスペンションだ。これがモールトン型自転車のもっとも革新的な部分で、時代を30年も先どりしていたことになる。

　モールトンは独創性あふれる設計者だったが、みずから製造するつもりはなかったので、1962年にラレー社に試作品を見せて商品化を打診していた。予想に反してラレー社は彼の提案を拒絶したが、後年になって受け入れるべきだったと認めている。そのためアレックス・モールトンはみずから自転車製造を開始するべく、ブラッドフォード・オン・エ

1960年代、ロンドンでは折りたたみ自転車が洗練された乗り物として流行した。

34：モールトン・スタンダード・マーク1　143

ビッカートン・ポータブル

　1970年代初頭、成熟したイギリスの自転車市場でもっとも売れた折りたたみ自転車は、ビッカートン・ポータブルだ。ハリー・ビッカートンが設計した軽量アルミフレームは、折りたたむことができるので、もち運びが簡単だった。ビッカートン・ポータブルは1971～1991年にかけて生産され、そのあいだの販売台数は約15万台だった。1982年、物理学者のドクター・デイヴィッド・ホンがダホン折りたたみ自転車の製造をはじめた。このダホンとブロンプトンは、現在も人気の折りたたみ自転車ブランドだ。ダホンは世界シェア約60パーセントで世界一の折りたたみ自転車メーカーになりつつある。

イヴォンに新工場を建築し、のちにカービーのBMC工場に製造を委託した。

　このようなすばらしい製品を売り出す機会を逃したラレーは、みずから折りたたみ自転車を製造して市場に売りこまざるをえなかった。その結果、1965年に誕生したのがRSW16である。見た目はモールトン型にそっくりだが、革新的なサスペンションは搭載していなかった。かわりに幅の広い低圧の「バルーン」タイヤでサスペンションの欠如を埋めあわせようとしたものの、スピードが上がらず車体も重く扱いにくかった。それでも世界一の規模を誇る自転車メーカーであるラレーは、モールトンにはない販売力をもってすれば多少の問題点があってもRSWは成功すると確信していた。

　結局、アレックス・モールトンは大企業にはたちうちできず、1967年、事業をラレーに売却する。彼の言によると「投げ売り」同然だったらしい。製造はノッティンガムのラレーの工場に移り、モールトンはコンサルタントとしてとどまった。しかし一匹狼のモールトンの意見は通らないことも多かった。フロントサスペンションがないモールトン・ミディが市場に出され、フレーム損傷の不具合が出たのも、ラレーがモールトンの警告にとりあわなかったのが原因だ。結局、ラレーはモールトン・ミディに強化板を組み入れることを余儀なくされた。

　やがてラレーはモールトンの商品ラインを統一し、モデル数やオプションの種類を減らした。1970年、ラレーはモールトンMk IIIと、ラレーRSW Mk IIIおよびラレー・チョッパーを同時発売した。チョッパーの大成功に押されるように、モールトンの売り上げは下降線をたどる。これで現場復帰を決意したアレックス・モール

粋で速い。モールトンはロンドン・カーディフ間レースのスピード記録を破った。

トンは、ラレーから自分の特許を買い戻し、オリジナルをもとに新型を製造したが、こだわりの強い高級志向の乗り手にしか通用しないデザインだった。これがAMシリーズで、軽量でありながら剛性が非常に高かった。1998年には、フレクシターというフロントサスペンションと、三角リアサスペンションをもつ新シリーズが発表された。細いフレームチューブで、すっきりした風貌と軽量化を実現している。

　世界大戦で軍事利用されたことを除けば、1970年代になるまで、20世紀初頭は折りたたみ自転車に興味をもつ人はほとんどいなかった。だがモールトンの成功に続いて、世界中の数十のメーカーが折りたたみ自転車の製造をはじめた。だれもが車輪の小さな自転車に夢中になったので、この時代は「折りたたみ自転車の黄金期」とよばれている。折りたたみ自転車が広く浸透すると、東欧のいわゆる「Uフレーム」式折りたたみ自転車が大量に出まわるようになった。価格が安く、大半がメールオーダーや百貨店、ガソリンスタンドで販売された。

「モールトン自転車誕生50周年記念。時代のアイコンの晴れやかな祝典だ。モールトンは名車ミニ、ミニスカートと同義語の、ミニバイクなのだ」

フォスター卿
（2012年）

モールトン自転車は、見た目がしゃれているだけではなく、小まわりがきき、目を引くカラーバリエーションもそろっている。

小さな車輪

筋交い構造のフレーム

34：モールトン・スタンダード・マーク1　**145**

35：プジョーPX10
死の山

　トミー・シンプソンは、イギリスのスター選手、ブラッドリー・ウィギンスよりかなり早く、イギリス人ではじめて有名になった自転車選手だ。1956年のメルボルン・オリンピックで団体追い抜き銅メダル、1958年のイギリス連邦競技会で個人追い抜き銀メダルという輝かしいアマチュア成績をおさめたあと、1960年にプロ転向を決意し、ヨーロッパ大陸へ拠点を移した。選んだマシンはカールトンで、契約スポンサー先によって色を塗り替えたといわれている。最後にプジョー・チームに所属したときは、スタンダード型の白いPX10に黒いナヴェックス・プロのラグをつけていた。

製作年：**1967年**

製作者：
　プジョー

製作地：
　フランス

　プジョーは、1905年のルイ・トゥルスリエ以来、ツール・ド・フランス優勝選手のスポンサーを続け、ツールをはじめとするヨーロッパの自転車レースを熱心にサポートしてきた。トミー・シンプソンがプジョーに乗っていた頃はすでに、プジョーはツールはじまって以来もっとも成功したファクトリー・チームとなり、ツールでは10回もの勝利をとげていた。それでもほかの大規模なヨーロッパの自転車メーカーと同じように、プジョーも小さな工房で職人が手作りした自転車を購入し、チームレース用に塗装して、自社の工場生産品に似せて装備を整えることもしていた。

プジョーPX10。プジョーは自動車だけではなく自転車レースの世界でも有名だった。

146　図説自転車の歴史

モン・ヴァントゥ山頂へ続く曲がりくねった険しい道。

モン・ヴァントゥへの長い道

　フランスでレースに出ていたトミー・シンプソンは、順調にキャリアを重ね、決してあきらめない勇敢な選手という評価を得た。ライバル同様、ツールでの勝利は彼にとっても究極の挑戦だった。1962年、シンプソンはイギリス人選手初のステージ勝者となりマイヨ・ジョーヌを着たが、わずか1日で手放した。平地では力があり、下り坂では勇気を見せたが、当時は登坂力に限界があり順位を下げたのだ。彼はヨーロッパを転戦するツアーレースよりも、1日で勝負するクラシックレース向きだと考える人も多かった。

　実際、彼がクラシックレースで勝利を1度でも逃したのは1シーズンだけだった。1965年には世界チャンピオンになり、イギリスのテレビ局の年間スポーツ選手賞に選ばれた。しかしツール・ド・フランスへのこだわりは残っていた。1967年までに、ツールには5回出場したが、そのうち2回はけがで棄権に追いこまれている。彼にとって1967年のツールがいかに重要だったかがよくわかる。今度こそ完走して優勝をねらおうと、なみなみならぬ決意を固めていたことだろう。スタート前の彼を見た人は、別人のようだったと述べている。キャリア最大の挑戦を前にして神経が張りつめ、不機嫌そうに見えたらしい。

　いつものように、シーズン最大のレース、ツール・ド・フランスが迫ってきた。その年は時計まわりにフランス北部を走り、南下してヴォージュやアルプスを経由するルートだった。さらに主催者の大会概要を聞いて、シンプソンは困惑する。かつてのナショナル・チーム制が復活したのだ。シーズンをとおして、プロ選手はチーム・スポンサーのために走る。シンプソンのスポンサーはプジョーだ。その契約を破棄し、母国のために走ることが求められていた。ヨーロッパ大陸での大会経験のとぼしいイ

35：プジョーPX10　147

プジョー・チームの自転車のラグ。

ギリスのプロ選手グループが、シンプソンの大きなチャレンジの唯一のチームメイトになるのだ。頼れる者は自分しかいない。それでもシンプソンは最善をつくし、平地は慎重に走って、大きな時間差が結果を左右する山岳コースのために体力を温存する戦略を立てた。

そのシーズンは、パリ～ニース・レースで勝利をおさめ、順調なスタートを切っていたが、そのときは前途有望なプジョーの若きチームメイト、エディ・メルクスと走っていた。その頃すでに、ある危険な兆候が出はじめていたといえるだろう。スペインのロードレース、ブエルタでは、シンプソンは2ステージを制しながら、プジョー・チームの監督、ガストン・プローに強制的に自転車から降ろされている。プローは、シンプソンが10分のリードを保ってピレネー山脈のポルト・デ・エンヴァリラを登りながら、コントロールを失ってジグザグに走りはじめるのを見て異常を察知した。プローはのちにこう記している。「シンプソンの顔を見ると疲労困憊していた。目は落ちくぼみ、顔面蒼白だ。暑さにやられたとわかったので、体調が万全ではないからヴァントゥには登らないほうがいいと伝えた」。シンプソンの体は限界にきていたのだ。プローの説明は、ツールでシンプソンのチームメイトだったイギリス人選手、ヴィン・デンソンの話とも一致する。デンソンは、厳しいアルペン・ステージの直後に、シンプソンに棄権するよう助言していたらしい。そのステージでシンプソンは、激しい胃の不快感と闘いながら走っていた。シンプソンが脱水症状を起こしていちじるしく衰弱していたことは明らかだ。そんな状態で、彼はモン・ヴァントゥの山頂をめざすステージのスタート地点についたのである。

モン・ヴァントゥのふもとへ続く長いスロープで選手がばらけて、トップ選手が先頭集団をつくった。予想どおり、トミー・シンプソンはイギリス・チームで唯一先頭集団に入っていた。

プロヴァンス地方の午後の路上は54度という酷暑だった。汗もかけず、シンプソンの心拍数は1分間に200回をゆうに超えていた。大半の選手と同じく支給された小さな水のボトル4本だけではとうていたりず、シンプソンは深刻な脱水症状を起こしていたが、まだ総合7位を保っていた。集団が山のふもとにさしかかると、シンプソンはほかの選手とともにカフェへ寄り、むさぼるように水分をとった。胃のむかつきを抑えるために、ブランデー入りコーラを飲んだらしい。それが、のちに彼が服用していたことが判明する覚醒剤の一種、アンフェタミンと異常な反応を起こしたのかもしれない。この時点でもたしかに問題はあったが、シンプソンはまだ危険な状態ではなかった。異変は、モン・ヴァントゥの山頂めざして21キロメートルの登坂を開始した直後に訪れる。体に変調をきたしていたにもかかわらず、その日のシンプソンはずっと快調に登坂していたが、チームメイトの1人はいつもより水分摂取が多いと

思っていた。

　険しい道を11キロメートル登ったところで、シンプソンはずるずると後退して第2グループに入り、トップからは1分の遅れをとった。そのグループには1966年の優勝者、ルシアン・エマールもいた。エマールは、シンプソンが後続集団でもたついていることにあせり、先頭集団との差をなんとか埋めようと懸命だったことを覚えている。しかしどんなに必死になっても、シンプソンは登坂に必要なテンポを維持できなかった。

　健康状態を考えれば、シンプソンはこのステージで棄権するべきだっただろう。だがもし棄権すれば、3大会連続になる。シンプソンは途中であきらめる人間ではなかった。さらに、彼の選手としてのピークはすでにすぎていたので、途中棄権でスポンサー契約を打ち切られることだけはなんとしても避けたかったはずだ。そういう重圧からか、常日頃からぴりぴりしたようすで走っていたので、チームメイトは苦しそうなシンプソンを見慣れてしまっていた。そのため、その運命の日にただならぬ姿のシンプソンの脇を通りすぎたときも、彼らはいつものことと考え

1967年のツール・ド・フランス第8ステージ。悲劇的な死を迎える数日前のシンプソン。

35：プジョーPX10　149

シンプソンのプジョー・チームのブレーキレバー。

て深刻には受けとめなかった。
　先頭集団からは遅れていたが、後続のなかではリードを保ちながら、シンプソンは山頂をめざし180メートル先のトップグループに追いつこうとしていた。8〜14度の勾配で、状況は厳しくなった。シャレ・レナールの木立を抜けると、まるで月面を思わせる乾いた景色が広がり、山頂が近いことを教える。この地点で山頂まではわずか2キロあまりだ。シンプソンは白っぽい山肌の道をもがくようにペダルをこいでいたが、はじめて転倒した。それから460メートル進んでまた転倒し、おそらく地面に倒れこむ前に息たえていた。暑さで消耗し、心不全を起こしたのだ。レースに同行していた医師、ピエール・デュマが診察し、すぐに最寄りの病院へ運ぶよう指示した。人工呼吸がほどこされ、シンプソンはヘリコプターでアヴィニョン病院へ救急搬送された。
　午後6時30分をまわってすぐに、カルパントラの新聞社にトミー・シンプソン死去の一報が入った。ツール史上初の選手の死亡事故であり、その衝撃は選手だけではなく一般市民にも広がった。翌日、検死が行われ、若く健康そうなアスリートがなぜ亡くなったのか解明が試みられた。ただ運が悪かったのか、それともむりにレースを続けようとしていたのか？　検死の結果、血中からアンフェタミンとアルコールが検出される。さらに警察は、アンフェタミンの錠剤を彼のユニフォームのポケットとチームのサポートカーから発見した。このニュースに自転車界は驚愕した。死因は暑さと脱水症状によってひき起こされた心臓発作と公表されたが、アンフェタミンとアルコールが症状を悪化させたことは明らかだ。

薬物検査の開始
　この悲劇から、自転車レースに新たな闇の時代が訪れる。ツールで3

自転車に戻してくれ

　ツール・ド・フランスにとまとわりついて離れないイメージといえば、白いジャージを着たイギリス人選手、トミー・シンプソンの死だろう。シンプソンは、プロヴァンスのモン・ヴァントゥの山頂1830メートル付近で亡くなった。新聞社が撮った写真には、最期が近い彼の姿が映っている。顔はまるで幽霊のようで、着ているジャージと同じくらい白く、頬はこけ、眼光鋭く一点をみつめている。シンプソンは山頂まであとわずかな地点で、右へ左へふらふらしはじめた。山頂まで残り3キロ地点、マルセイユからカルパントラへの第13ステージで、彼ははじめて倒れた。「自転車に戻してくれ」とまわりに叫んだが、これが最後の言葉になった。このようすを通信社UPIのカメラマンが写真に撮り、「シンプソン死す」の一文とともに電送した。のちに、シンプソンはまだ自転車に乗っていたのになぜ死亡と書けたのかと聞かれ、カメラマンは「彼が目の前を通ったときにわかった。顔がもう死人の顔だったから」と答えた。

図説自転車の歴史

回優勝しているグレッグ・レモンはのちにこう語っている。「トム・シンプソンの死によって、薬物検査が導入された。そうでなければ、もっと多くの自転車選手が亡くなっていただろう」。シンプソンが亡くなるまで、自転車選手は、アンフェタミンのような競技能力を向上させる禁止薬物の定期検査を受けていなかった。だがシンプソンの死で一転、薬物検査が義務化された。新たなルールでは、選手は特定の薬物検査をかならず受けなければならないと規定されたが、これがどの程度厳格で効果がある検査なのか、のちに疑問視されることになる。ランス・アームストロングほどの大物選手のドーピング・スキャンダルが、その疑問の答えだろう。

　当時は、薬物使用の問題に触れること自体がタブー視されていた。レースにかかわる多くの人が薬物の問題は存在すると認めたが、公に口にする人はほぼいなかった。ただ1人、アイルランドの選手、ポール・キメイジは例外だ。彼は薬物使用を認め、「アンフェタミンを3回使った。実際に使うまで、違いがあるとは思っていなかったが、使ってみて驚いた」と述べた。キメイジは、薬物使用時の違いを知っていたからこそ、薬物のせいで限界を超えてみずからを追いこむ状態がよく理解できたのだろう。「みなF1レースやエベレスト登山は危険だというが、毎年亡くなるプロの自転車選手とは数の上では比較にならない」。ほかにも、現代の選手に不可欠な資金援助が問題の一端をになっているとの意見もある。チームがスポンサー企業に頼っている以上、選手は生き残るために結果を出さなければならないのだ。

　スポンサー・チームは、ナショナル・チームの環境とはまるで別物だ。先が約束されないスポンサー契約をめぐる争いは熾烈だから、シンプソンがみずからを追いこんで勝ちつづけ、スポンサー契約を失うまいとしていたことはまずまちがいない。

　スポーツで成功するためにはときに代償を払わねばならないということを忘れないために、現在モン・ヴァントゥ山頂付近のシンプソンが亡くなった場所には、簡素な御影石の碑が置かれている。イギリス人選手が資金を出しあってつくり、手入れを続けている。世界中の自転車愛好家が、とくにトミー・シンプソンと同じイギリスの人々が、そこを訪れては、飲み物のボトルやサイクリングキャップなどを捧げている。

> 「自転車競技にとってここは大切な場所だ。トム・シンプソンの死によって、薬物検査が導入されたのだから。そうでなければ、もっと多くの自転車選手が亡くなっていただろう」
>
> グレッグ・レモン
> （2009年）

ツール・ド・フランスの歴史上、もっとも大きな悲劇を伝える碑。

35：プジョーPX10

36：ウーゴ・デローザ

エディ・メルクス

　1974年、ベルギーのエディ・メルクスは29歳にしてすでにベテラン自転車選手として華々しいキャリアを築いていた。最後の野望は、過去の功績に「トリプル・クラウン」という花を添えることだった。トリプル・クラウンとは、1シーズンでジロ・デ・イタリア、ツール・ド・フランス、世界選手権の優勝を飾ることで、だれもなしとげていない偉業。歴史的な3冠達成に向けて、メルクスはカナダのモントリオールの世界選手権へ出発した。その時彼が乗ったのはウーゴ・デ・ローザが製造した自転車で、「エディ・メルクス」のロゴが入っていた。

製作年：1974年

製作者：
　デ・ローザ

製作地：
　ミラノ

　1974年、メルクスは春に開催されたジロ・デ・イタリアとツール・ド・スイスで勝利し、幸先のいいスタートを切った。もっとも過酷とされるツール・ド・フランスがクライマックスだ。レース序盤のタイムトライアルには敗れるも、激しい追い上げで厳しいアルプスの山岳ステージ2つを制し、トップでパリへ戻って総合優勝を飾った。これがじつに5回目のツール総合優勝で、ジャック・アンクティルに次ぐ史上2人目の快挙だった。

有名な自転車に有名な選手。エディ・メルクスの代名詞、ウーゴ・デローザ。

協力関係

いつものようにメルクスはレース用自転車を最高の状態にするために、絶対の信頼をよせるメカニックに細かな指示を出して調整させていた。デ・ローザは、コルナゴとならび、当時の自転車メーカーの双璧と目されていた。ロゴはひと目でわかるハート形で、フレームはレーシング自転車界のフェラーリと称され、卓越した乗り心地と性能を両立していた。

ウーゴ・デ・ローザがレース用自転車製造をはじめたのは1950年代初頭だが、1958年に大きく躍進する。有名選手ラファエル・ジェミニアーニの目にとまり、つぎのジロ・デ・イタリアで使う自転車製作をまかされて、その名を知られるようになったのだ。これでデ・ローザの自転車の品質の高さが世間に認知され、1960年代にはイタリアのトップ選手の愛用ブランドとしてその地位を確立した。ファエマ・チームや、ティバック、マックス・メジャーといった有力チームに選ばれるようになると、ますます評価が上がった。

もうひとつ、デ・ローザの一流メーカーの仲間入りを決定づける出来事があった。1969年、元チャンピオンのジャンニ・モッタが自身のチームの自転車提供を願い出たのだ。モッタがデ・ローザのデザインと品質の高さに感銘を受けた結果だった。すでに国際大会で華々しく活躍していたエディ・メルクス用のフレームをはじめて製造したのもこの頃だ。1973年までデ・ローザとメルクスは正式契約しなかったが、デ・ローザはメルクスがリーダーをつとめるモルテニ・チームの公式フレームメーカーおよびメカニックに任命された。自転車と選手が栄光へ向かって、ともに走りはじめたのである。

史上最強の選手？

メルクスは第2次大戦末期の1945年に生まれ、キャリアは13シーズンにわたった。そのうち10シーズンは世界大会で圧倒的な強さを見せ、後にも先にも彼ほどの選手はいないといわれるまでになった。ほかの一流選手同様に、メルクスもアマチュアからスタートした。1964年、アマチュア世界選手権ロードレースで優勝すると、翌年プロに転向する。メジャーレース初勝利は、ミラノ～サンレモ・レースを制した20歳のときだ。偶然にも、彼の最後のメジャー勝利も、10年後のミラノ～サンレモ・レースになる。

力強い走りが持ち味だが、健康面の不安がつねにつきまとっていたので、そんななかでこれほどの輝かしい実績を残したことは驚きだ。キャリアの大半は深刻な心臓病を抱えてすごしていたらしく、のちに非閉塞

「カニバル（人食い）」の異名をとったエディ・メルクス。当時のもっとも偉大な選手といえよう。

36：ウーゴ・デローザ

カニバル

「トリプル・クラウン」を達成したエディ・メルクスは、多くの自転車愛好家に、自分こそが史上最高の選手だと証明した。レースでの意志の固さにも定評があり、ファンは「カニバル（人食い）」とあだ名をつけた。どんな状況でも勝利への執念を見せたからだ。その実績はめざましく、メルクスは現役中の重要なレースほぼすべてで優勝し、複数優勝を飾ったレースもあった。

ウーゴ・デローザ。端正なマシンは、細部の装飾まで美しい。

性肥大型心筋症と診断される。これが明らかになったのは、1968年のジロ・デ・イタリアのさなかだった。所属するファエマ・チームのチームドクター、エンリコ・ペラチーノが、イタリアの心臓病の権威であるジャンカルロ・ラヴェッツァーロ教授を招いて、メルクスとヴィットリオ・アドルニという選手の健康診断を依頼したのだ。第3ステージ後にスポンサーを招いて開かれる晩餐会で最新式の心電計を披露するのが目的で、2人に特別な症状があるわけではなかった。そのため、問題がみつかるとは予想していなかったラヴェッツァーロ教授は、結果を確認して驚いた。エディ・メルクスのデータは、まさに心臓発作を起こしていることを示していたのだ。1日走りきったあとで少々疲れているようだったが、メルクスは健康そのものに見える。この矛盾にびっくりしたラヴェッツァーロは、翌朝もう1度メルクスの心電図検査を実施した。だが結果は同じで、はっきりと非閉塞性肥大型心筋症の兆候を示していた。

これにはメルクスのチームもラヴェッツァーロも困りはてた。このいかにも健康そうな24歳の選手に、病状を伝えて棄権させるべきだろうか？　悩んだチームが病名を伝えると、メルクスは過去にも心電図でおかしな結果が出たことがあるが、いずれにせよレースを離脱するつもりはまったくないと答えた。ラヴェッツァーロはトリノに戻ったが、レース最後の2週間のあいだにメルクスは倒れるだろうと確信していた。ラヴェッツァーロはのちの著書でこの出来事を回顧している。「現在ならメルクスはレース出場を許可されなかっただろう。心臓に問題があることはわかったが、当時は心臓カテーテルが実用化されていなかったので、的確な診断はできなかった。われわれは彼が危険な状態にあることを知りつつ何もできなかったのだ」。ラヴェッツァーロはさらに、現在プロの自転車選手は定期的に心電図検査をパスしなければプロライセンスがとれず、メルクスのような結果が出た者がレースに出るこ

とは許可されない、とも記している。

　健康問題もさることながら、エディ・メルクスはけがや事故とも無縁ではなかった。もっとも危険な事故は1969年、シーズン終盤のペースメーカーを置いたエキシビション・レースで起こった。各選手がオートバイに乗った専属のペーサーに続いてオーヴァルトラックを走るレースだが、その日、別のペーサーと選手がメルクスの目の前で転倒し、メルクスもまきこまれて自分のペーサーもろとも転倒した。メルクスのペーサーは即死、メルクス自身も頭部から激しく出血し、意識不明におちいった。深刻な脳震盪で、傷口を閉じる縫合手術が必要だった。だがそれ以上に、脊椎骨を骨折して骨盤が歪んだダメージが大きく、これ以降は登坂時につねに痛みに襲われるようになった。メルクスはその後も数々の勝利を手にしたが、この事故さえなければもっと勝っていただろうとの見方もある。

　その後もけがはあったが、メルクスはまったく意に介さなかった。1975年のツール・ド・フランスでは、ピュイ・ド・ドームを登坂中に、フランス人の観客に胃のあたりを乱暴に殴られた。その数日後には落車してほお骨を折ったが、それでも棄権しなかった。最終的にベルナール・テヴネにわずか3分で敗れたが、総合2位でゴールしている。しかしたび重なるけがが体をむしばみはじめていた。1974年のグラン・ツールの勝利と、1976年春のメジャー・クラシックの勝利を最後に、エディ・メルクスは32歳で引退した。

　故国ベルギーでは国民の英雄になっていたので、ブリュッセルの地下鉄西5号線にはエディ・メルクスという名の駅がある。メルクスは優勝を飾った1974年製デローザを教皇に献納、現在はローマのマドンナ・デル・ギザッロ教会にうやうやしく展示されている。サイクリストの聖地とよばれる教会だけに、メルクスの自転車を置くにふさわしい場所である。

印象的なトラックレコード

　1969〜1975年のキャリアの絶頂期、メルクスはエントリーしたレースのじつに35パーセントで勝利をおさめた。グラン・ツールでは、ツール・ド・フランス5回、ジロ・デ・イタリア5回、ブエルタ・ア・エスパーニャ1回と、計11回優勝している。ほかのクラシックレースの記録も堂々たるもので、ミラノ〜サンレモ、ツアー・オヴ・フランダース、パリ〜ルーベ、リエージュ〜バストーニュ〜リエージュ、そしてツアー・オヴ・ロンバルディで通算19回勝利を飾った。

　ツール・ド・フランスの記録はすばらしいのひと言で、メルクスは1シーズンでツール・ド・フランスとジロ・デ・イタリアのすべての部門優勝を果たした唯一の選手だ。1969年のツール・ド・フランスと1968年のジロ・デ・イタリアの、個人総合優勝、山岳賞、ポイント賞である。その記録にくわえ、ツール・ド・フランスでは34のステージ優勝を飾り、なかでも1969年と1972年は6ステージ、1970年と1974年は8ステージと圧倒的強さを見せた。彼が史上最高の選手と評されたのも、この成績を見れば納得できる。

37：ブリーザー・シリーズ１
マウンテンバイク

　1970年代以降、自転車の発展にもっとも貢献したのはマウンテンバイクだ。近年はブリーザーをはじめとするシリーズが、郊外のみならず都市部でも人気である。オフロード・サイクリングには長い歴史があり、「バッファロー・ソルジャー」の時代にさかのぼる。このアメリカ南北戦争時代の連隊は、改造自転車を支給され、さまざまな装備を搭載して荒れ地の偵察に向かった。1896年8月、この連隊の1グループがモンタナ州ミズーラからイエローストーンへ走り、自転車が山間部でも使えることを実証した。

製作年：1977年

製作者：
　ブリーズ

製作地：
　カリフォルニア

　1900年代初頭、ヨーロッパではロードレース選手が冬のオフシーズンにトレーニングをかねて、森林や野原を走っていた。徐々にこのスタイルが定番化し、サイクリング・クラブが舗装道路以外の「ラフスタッフ（荒れている）」と称されるコースでレースを開催するようになる。オフロード・レースのはじまりだ。ヨーロッパでは第1次大戦後に自転車旅行が流行したので、オフロード・レースも盛んになり、1952年にはじまったイギリス・サイクルツーリスト競技会の目玉競技になった。道なき道を自転車で走り、険しくも美しい郊外の原野や山間部の魅力を発見することが目的だった。
　1950年代には、イギリスでラフスタッフ組合（Rough Stuff Fellowship）なるクラブが結成された。森林や丘陵地帯、湿原など、もっ

アメリカのブリーザーのおかげで、マウンテンバイク・ライドという新しいスポーツが誕生した。

156　図説自転車の歴史

ジャングルと自転車

　伝統を重んじる大英帝国でさえ、自転車という目新しくも素朴な道具を受け入れる懐の深さを見せた。当時傑出していたオフロードのチャンピオンといえば、イギリス人政治家、ウィンストン・チャーチルだ。1908年、チャーチルは自転車でアフリカ調査をするべきと提案した。自転車はジャングルや荒れ地、険しい丘の移動に最適で、1時間に11キロも進むことができると考えたのだ。ウガンダを訪れたチャーチルは、「会談した士官ほぼ全員が自転車をもち、地元の首長たちも使いはじめていた」ので大喜びした。

ぱらオフロードを走るクラブだ。この活動は、20年後にカリフォルニア州マリン郡の若者に継承されることになる。ラフスタッフのメンバーは都会の舗装路は走らず、田舎道や脇道に分け入った。その活動はとても盛んで、ラフスタッフ組合は現在も存続している。この流行はイギリスだけにとどまらず、フランスでもオフロード・サイクリング熱が高まり、怖いもの知らずのサイクリストによるヴェロ・クロス・クラブ・パリジャン・オヴ・フランスも発足した。1950年代初頭、パリ郊外の若きサイクリスト20名あまりがはじめたこのスポーツは、現在のマウンテンバイク・ライドにそっくりだった。彼らはフランスの650-Bといった従来型自転車を改造し、オートバイ用のクロスカントリー・コースを走れるようにフレームの強度を高めていた。

初期アメリカの多地形（マルチテレイン）自転車

　アメリカの自転車界も1930年代初頭に徐々に発展していた。自転車メーカーのシュウィンは、大恐慌の影響で売り上げが大きく落ちこんだので、新たな市場を開拓しようとビーチクルーザーを投入した。これは厳密にはマウンテンバイクとはいえないが、重量のある単速自転車で、バルーンタイヤをはいていたのでさまざまな路面に対応でき、さらさらの砂のビーチでも走ることができた。砂利道でも楽に乗れたので、新聞や郵便の配達員はすぐに飛びついた。しかし、重たい単速自転車なので、起伏の多い場所や坂道では乗りにくかった。

　アメリカでは、ジョー・ブリーズを中心とするカリフォルニアの若者がマウンテンバイクで一大ブームを起こすかなり前、シュウィンのような原始的なマウンテンバイクが注目を集めた。先駆者のひとりが、ジョン・フィンリー・スコットだ。1953年、スコットはシュウィン・ワールド型のダイヤモンド・フレームとバルーンタイヤ、フラットハンドル、変速ギア、カンチブレーキを利用して「ウッドシー自転車」を製造した。後知恵ではあるが、シュウィンは世界初のマウンテンバイク・メーカーに躍り出る絶好のチャンスを逃したわけだ。その気になれば新たな市場をまっさきに開拓できたにもかかわらず、多地形対応自転車は一時的な流行でしかないと判断したのだろう。

「この自転車はどこか違った。バレエを踊っているようでもあり、フットボールをしているようでもあり……とにかくすばらしいということだ」

ジョー・ブリーズ
（2010年）

1970年代初頭、ふたたび既存の自転車をマウンテンバイクに改造しようという動きが見られた。舞台はマリン郡から120キロ南のカリフォルニア州クパチーノ。若い愛好家が結成したモロー・ダート・クラブ、通称クパチーノ・ライダーが、愛車に親指シフトの変速機とレバー操作のドラムブレーキをとりつけたのがはじまりだ。サウスベイ・ヒルズを楽々と登ることが彼らの目的で、この熱心なサイクリストのひとりがジョー・ブリーズだった。やがて、マウンテンバイクといえばジョー・ブリーズという時代が訪れる。ブリーズは1977年、カリフォルニア州ミル・ヴァレーではじめて現代的なオフロード用自転車をつくる。

しかし、ブリーズの物語がはじまったのはその数年前の1973年だ。ブリーズはサンタクルーズの自転車店で、オフロードで使う古い自転車を探していた。目にとまったのは、太いタイヤを装備した1941年製のシュウィン・ビーチクルーザーで、価格はわずか5ドルだった。それまでのマウンテンバイクは、シュウィンのような古い自転車の部品を集めてつくるのが一般的だった。そういうつぎはぎの自転車は「クランカー（ぽんこつ）」とよばれ、カリフォルニアの山道を楽しむために使われた。なかでも人気が高かったダウンヒル・コースは、「リパック」とよばれていた。1度下っただけでハブブレーキがオーバーヒートし、グリスをつめなおさなければ（リパック）ならないことに由来する。

当時の問題点は、自転車の性能が乗り手の能力に追いついていないことだった。幅広のバルーンタイヤや変速機を搭載したシュウィンのような高性能モデルでも、まだまだ不十分だった。ジョー・ブリーズも、友人と近所のタマルパイス山の岩だらけの道を走って、5ドルの自転車の限界を思い知らされる。ところでブリーズは、チャーリー・ケリー、ゲ

カリフォルニアの多くの青年が初期マウンテンバイクに改造したシュウィン。

図説自転車の歴史

イリー・フィッシャー、そしてトム・リッチーら仲間とともにレースも主催していた。フェアファックス近郊のカスケード・ファイヤ・トレールという3マイル（約4.8キロ）の山道を走るレースもそのひとつだった。この新しいスポーツは大人気になり、サンフランシスコ中から参加者が集まった。全員がクランカーに乗って一定間隔でスタートし、高低差480メートル以上、全長4.7キロのダートトラック記録に挑戦した。

　この改造自転車が初期のオフロード型より操作性が高かったのは、ホイールサイズに秘密がある。フランク・W・シュウィンが1933年に導入したアメリカ独自の66×5センチというサイズだ。大量の空気を保持するので泥道でもよく転がり、カーブでも粘り強く、かなり幅の広いタイヤ痕を残す。レースの最初の数回は、選手がコースを下るたびにピックアップ・トラックで自転車をまた運び上げていた。

マウンテンバイクの誕生

　ただのぽんこつ自転車をマウンテンバイクに変貌させたのは、ヨーロッパの輸入自転車に使われはじめていた新技術だった。複数のチェーンリングとロングアーム式変速機のおかげで、後退することなく登坂でき、オートバイ式レバーを使ったカンチブレーキでブレーキ性能もいちじるしく向上していたのだ。すぐにオーダーメイドのフレームが設計、製造され、より軽い装備が搭載されるようになった。サイクリング界をひっくり返す現象が生まれつつあったのである。

　だが、この新たなスポーツが生き残るためには、さらに斬新な車体が必要だった。従来型の改造ではなく、オフロード走行専用の本格的マウンテンバイクだ。さっそくジョー・ブリーズは友人の力を借りて設計をはじめた。その結果、アメリカを代表する初のマウンテンバイク、ブリーザー・シリーズIが誕生する。このオリジナル・モデルは9台製造され、1台目はワシントンDCのスミソニアン博物館に展示されている。1977年、ブリーズがクロモリブデン鋼でフレームを溶接し、真新しい部品を組んでオリジナル・モデルを製造していると、さらに8台の追加オーダーが入った。その時点では知るべくもないが、ジョー・ブリーズはマウンテンバイクのトップデザイナーになっていたのだ。やがてジョー・ブリーズが生んだマウンテンバイク・ライドは、1890年代以降最大の自転車ブームを西欧世界にまきおこす。

　2年後の1979年、フィッシャー、ケリー、リッチーは、史上初のオフロード自転車専門メーカー、フィッシャー・マウンテン・バイク社を設立する。それ以降、マウンテンバイクのデザインはかつてないほどに洗練された。カリフォルニア州モーガン・ヒルに拠点を置くスペシャライズド社が1981年に発表したスタンプジャンパーも端正な姿だ。シマノやアラヤといった日本の部品メーカーも、この新たな市場に将来性があると見越して、オフロード車専用の部品生産にあいついで参入した。

アメリカを代表する自転車シュウィンは、ベストセラーの座を保っていた。

段数の多い変速機や、新しい太タイヤに合う幅の広いホイールリムなどが製品化されている。そんななか、すでに300万台のマウンテンバイクが販売されていた1990年、ポール・ターナーが画期的な発明をした。前後輪に油圧式緩衝器をとりつけた、初のフルサスペンション・システムのマウンテンバイク、ロックショックスである。

1970年代にカリフォルニアの若者たちがめざしたのは、オフロード専用の自転車をつくるために重ねられた過去の試みをすべてとりいれ、時代に合った1台を生むことだった。その挑戦はみごとに成功し、マウンテンバイク人気は世界中に爆発的に広がった。カリフォルニアではマウンテンバイクの乗り手が増えすぎて、やっかい者扱いされるまでになった。山道をふさいで昔ながらのハイカーの邪魔をしたり、谷間の緑を踏み荒らしたりしたためだ。自転車に乗った頭のおかしい連中に草原が荒されているという苦情を受けて発足したのが、国際マウンテンバイク協会である。協会はライダーとハイカーが良好な関係を保てるように、さまざまな規則を設けた。

シマノとアラヤのギアはベストセラーのマウンテンバイクに欠かせない部品だった。

過去40年あまりの技術革新はめざましかった。1970年代のマウンテンバイクのフレームやフォークはスチール製だったが、現在スチール製フレームは中・上級モデルではほとんど使われていない。主流はアルミニウムやチタン製で、徐々にカーボンファイバーも使われはじめている。ギアも変化し、5枚だった後輪スプロケットがいまでは最高10枚まで搭載されている。人間工学にもとづいたインデックスシフターも登場し、両手でハンドルをにぎったまま、ブレーキレバーでシフト操作ができるようになった。ショートアームのカンチブレーキは消え、より効きの強いリニアプルブレーキや油圧ディスクブレーキに替わっている。

もっとも変化したのはサスペンションで、かつての乗り心地とは雲泥の差だ。軽量のクロスカントリーバイクの前輪で80ミリのトラベル量、ダウンヒルやフリーライドの後輪で300ミリのトラベル量が実現したお

マウンテンバイクでどこまでも

マウンテンバイクが文字どおり「山乗り」バイクだった時代に比べると、現在は豊富な種類がそろっている。これはマウンテンバイク最大の変化といえるだろう。スペシャリスト向けに専門機種を提供するメーカーは、あらゆる種類のマウンテンバイクを製造している。フリーライド、リジッドフレームのシングルスピード、4人以上で下りコースのスピードを競うフォークロス用、オールマウンテン、バックカントリー、リアサスペンションのないハードテイル、ダートジャンプ、さらにはフル装備の長距離移動用マウンテンバイクまである。さらに、トレールバイク、泥道バイク、スノーバイクといった種類も存在する。

高山を走るマウンテンバイク。どんな道でも走れる機能を搭載した最新型マウンテンバイクなら、どこへでも行ける。

かげである。これ以外にも、ペダリング効率を上げるプラットフォームバルブ、サスペンションの圧縮速度の2段階調整とリバウンド調整、ピボットの位置、フローティングショック・サスペンション、アクチュエーター、ロックアウトシステム、オイルの粘性など、新機能が目白押しである。

シティサイクル

マウンテンバイクの活躍の場は郊外だけにとどまらず、徐々に現代の都市部でも便利なことがわかってきた。長距離、短距離をとわず通勤用にデザインされたかのような、都会には理想的な移動手段として定着している。都市部で一般的なマウンテンバイクは、変速機、700Cホイール、非常に軽い28ミリメートルタイヤ、荷物用ラック、泥よけを搭載し、フレームには荷物用カゴやアタッシェケースをとりつけても楽に乗り降りできるように工夫がこらされている。ズボンの裾がチェーンにまきこまれるのを防ぐために、チェーンガードがとりつけられていることも多い。装備のいい通勤自転車には、早朝や夜中に使えるように前後にライトもついている。

こうして見ると、現在の大都市をマウンテンバイクが縦横無尽に走っているのもうなずける。直立姿勢の乗り方なら、車の運転手からも見えやすく、サイクリストからの視野も広い。また、ハンドルバーひとつであらゆる操作ができるので、とっさの判断が求められる状況でもうまく車体をあやつることができる。さらに、強力なディスクブレーキのおかげで、オンロード用よりブレーキの効きがいい。縁石にのりあげたりくぼみで跳ねたりするのも、乗り降りと同様簡単だ。都会の道にはさまざまな破片が落ちているものだが、マウンテンバイクのタイヤはパンクにも強い。あえて欠点をあげるなら、自転車泥棒にも人気があるということくらいだろう。

37：ブリーザー・シリーズ1　**161**

38：ハロー
バイシクルモトクロス（BMX）の流行

　1970年代のカリフォルニアでは、マウンテンバイクにならび、もうひとつのサイクリングが流行した。バイシクルモトクロス（BMX）だ。若者たちはこの新しいカジュアルスポーツに夢中になり、器用に自転車を乗りこなして互いに技を披露しあった。すでにスポーツとして定着しているオートバイのモトクロスにヒントを得て生まれたBMXには、だれでもできるという長所がある。BMX会場のなかには、有名な伝説の地となった場所もある。サンディエゴのコンクリートの裏路地から、カールズバッド・スケートパークまで、BMXはさまざまな場で行われる。水を抜いたプールで乗っている少年もいたらしい。

製作年：1982年

製作者：
　ハロー

製作地：
　カリフォルニア

　マウンテンバイク・ライドと同様に、BMX専用の自転車は当初存在しなかったので、熱心な乗り手はすでに出まわっていたスタント用自転車を改造して使っていた。また、マウンテンバイク同様に、BMXでも専用自転車製造にもっとも近いのはシュウィンだった。シュウィンは1963年、BMX専用モデル、スティングレイを発売する。このモデルの大きな特徴は、既存の自転車よりも車体が小さい点で、こどもでもお気に入りのモトクロス・ライダーのまねをして乗ることができた。

フリースタイルの父
　初期のBMXにもっとも影響をあたえたのは、カリフォルニアのティーンエイジャー、ボブ・ハローことロバート・ハローだ。ハローはこのスポーツの生みの親であり、いまもアメリカ中のすべての自転車店にあるといっても過言ではない伝説的モデルを残した。1958年にカリフォルニア州パサデナに生まれたハローは、ティーンエイジャーの頃はオートバイのモトクロスに惹かれ、地元のレースサーキットで数々のトロフィーを勝ちとるほどの腕前になっ

ハローをはじめとするBMX自転車は、従来の自転車とは異なるスタイルを見せた。

162　図説自転車の歴史

た。ハローはのちに、モトクロスについてこう書いている。「まあまあうまかったが、ずば抜けてうまくなるには資金がたりなかった。（中略）オートバイにとりつかれたみたいに、いつもレースをしていたから。レースしかしていなかったといってもいい。それでお金がなくなって、BMXをはじめた」。レースの参加費と、ホンダ・バイクの維持費や修理費がかさんだために、ハローは別のスポーツにのりかえることにした。それで弟のスコットのモトクロス自転車を乗りまわし、ぼろぼろにしてしまった。すると見かねた父親に、弟の自転車を買いとれと叱責されたため、ハローは言われたとおりに弟から自転車を買いとり、「はじめて自分のBMXバイクを手に入れた」そうだ。

BMXはこどものおもちゃから洗練された全路面用へ発展し、アメリカはもとより世界中で絶賛された。

　ハローは自転車のなみはずれた才能を発揮し、すぐにBMXライダーとしてトップ選手の地位を確立した。やがてアメリカ中で独創的な曲乗りの技を披露するようになり、「フリースタイルの父」とよばれるようになった。そして1981年夏、ハローとボブ・モラレスは技の難易度を競うBMXフリースタイルを宣伝するために、3カ月におよぶ全国ツアーを行った。その途中、2人はみずからBMX用の自転車を製造しようと決め、フリースタイル・ライディング専用フレームとフォークを考えた。このBMX専用モデルをハロー・ブランドで設計、販売し、フレーム製造はトーカー社に委託するというアイディアだ。

　この初のハロー・ブランドは、クロム製のみで、フレームとフォークのキット販売にする予定だった。リアドロップアウトにまとめられたコースターブレーキ・ブラケットなどは、従来の自転車には見られなかった斬新な特徴だ。ハローとモラレス、エディ・フィオーラは、ロサ

栄光のライダー

　BMXの物語は、1970年、バイシクルモトクロスの生みの親といわれるスコット・ブライタップが初のBMXレースをカリフォルニア南部で開催したときにはじまった。バイシクルモトクロスという名前は、カリフォルニアで撮影されたドキュメンタリー映画「栄光のライダー」から名づけたそうだ。毎週日曜日に開催されるダートトラックのオートバイレース「モトクロス」が描かれた映画で、そのオートバイを自転車に置きかえたのが「バイシクルモトクロス」という新しいスポーツだったのだ。若者はみな夢中になり、この新しいスポーツはまたたくまに世間に認知された。やがてバイシクルモトクロス（bicycle motocross）は、頭文字を組みあわせてBMXと短縮されるようになった。BMXが若者のスポーツというイメージが広まったのは、それにかかわった人がみなほんのこどもにしか見えなかったからだろう。ゲイリー・ターナー、ジム・メルトン、ジョン・ジョンソン、スコット・ブライタップら、地元のレンタルスペースでイベントを企画したこの新興スポーツの起業家たちでさえ、少年のような風貌だった。

38：ハロー　163

ンゼルス南部のスケートパークで試作品のテストを重ねた。そして1982年夏、最終デザインがカリフォルニア州フラートンのトーカーの工場でフル生産に入った。フリースタイルBMXの歴史に残る瞬間である。1983年に発表された第1号のハロー・フリースタイル・モデルは、BMXフリースタイル・ライダーのあいだで人気が急上昇した。どんな体勢の技でも乗りやすい設計だったため、大人気になったのだ。当時のほかのBMXバイクと比較するとさほど大きな違いはなかったが、車体がひずみにくい頑丈なつくりになっていた。人気の波に乗って、ハロー社は新たにマスターとスポーツの2モデルの生産を開始する。1980年代には製品ラインの拡大で会社は急成長し、国内外に販売網を広げた。

世界中が熱狂

オーダーメイド自転車の人気が高まりデザインが進化するにつれて、愛好者はよりしなやかな最新モデルでスキルの限界を試すことが可能になった。この傾向は1980年代まで続き、BMXライディングはこどもが道路で競争する単純なレースとは別物になった。用途の広いモデルに乗った若者が、より複雑な技に挑戦し、スケートボードのようなトリックを見せはじめたのだ。ここからBMXのフリースタイル部門が誕生した。性能の悪い改造自転車の時代は終わり、新型の専用車がどこでも手に入るようになった。

アメリカを席捲したBMXは、世界をもとりこにしはじめ、すぐにオーストラリアにも広まった。この現象を後押ししたのが、1982年のスティーヴン・スピルバーグ監督の超大作映画「E.T.」だ。作品中で、BMXに乗ったこどもたちが「当局」の大人に追われるシーンがある。どの映画館でもこどもたちはこのシーンでおおいに沸いた。その結果、1980年代初頭、ほぼすべてのこどもがBMXバイクをほしがったり、手に入れたりしたのだ。こうして世界中で大流行がはじまり、地方の役所はこどもや若者が技を練習できるようなレーストラックを用意する必要に迫られた。BMXブームがピークのときは、イギリスの中規模都市レスターでもBMX用トラックが6カ所もあった。

本格的なBMXをもっていない若者も、手持ちの自転車を酷使してウィリーやポゴ、バニーホップ、カーブエンド等々のトリックの練習をした。通りにまにあわせのスロープをつくり、袋小路でも裏通りでも、

GTバイシクルズ

BMXの発展に貢献し、ボブ・ハローとならんで有名なのが、ゲイリー・ターナーだ。彼もまたさまざまな素材や溶接技術を試し、ダートトラックやジャンプで酷使しても耐えられる自転車をつくろうとした。1975年、ターナーはリチャード・ロングと提携して最高品質のBMXバイクの製造、販売をはじめた。事業は軌道にのり、1979年にはGTバイシクルズという新会社を起ちあげ、トップ・ライダーのスポンサーになって自社製品を売りこんだ。

コースになりそうなところはどこでも使った。猛スピードで四方八方へ走り、最新のBMXのトリックをものにしようとしたのだ。こうした技をマスターすることが、ライダーたちの通過儀礼になった。固定ギアとマグホイールを装備した最新式クロム塗装のBMXバイクで技が決まれば、気分は最高だ。

だがこの新興スポーツには、規則を決める統一組織が必要だという声があがりはじめる。1977年にはBMXレーサーの集団が国中に点在していたが、規制組織とはいえず、全体を統括する本部もなかった。そこで発足したのがアメリカン・バイシクル・アソシエーションである。その後はレースやライダーを管理、指導し、BMXが国中で発展する手助けをした。1981年4月にはふたたび同じ動きが起こり、国際BMX連盟（International BMX Federation）が発足する。翌年には初のBMX世界選手権が開催され、さらに認知度が上がった。カリフォルニアで誕生した素朴なBMXライドは、独自の道を歩んでユニークなスポーツに成長し、伝統的なサイクリング・スポーツの斬新な一部門としてとくに若者に高い人気を博している。

1993年1月から、BMXは国際自転車競技連合（UCI）の傘下に入った。スポーツ専門チャンネル「Xゲーム」の花形競技になり、オリンピックにくわわったもっとも新しい競技として、2008年の北京オリンピックにも登場した。熾烈な闘いのすえ、BMX初のオリンピック金メダルは、ラトヴィアのマリス・ストロンベルグスと、フランスのアンヌ＝カロリーヌ・ショソンが獲得した。

現在、国際的に承認されているBMX競技は、スピードを競うレース、トリックを披露するフリースタイル、ジャンピング競技の3種類で、それぞれのカテゴリー用に設計された専用モデルがある。レース用は最高速度を出すための軽量フレームと専用タイヤが特徴だ。対照的にフリースタイル用は、厚いフレームとグリップ力の高いタイヤで頑丈につくられ、スケートパークで高度なトリックや最高のパフォーマンスを引きだしてくれる。3番目のジャンピング用は、やはり強度のあるフレームに耐久性の高いサスペンション、ブロックタイヤを装備している。サーキットでも裏庭でも楽々とジャンプできる設計だ。昔ながらの改造も続いており、入手可能なさまざまな部品を使って多くのライダーが好みの1台をつくっている。

BMXの曲乗りは、若者にしかできない複雑なトリックに発展した。

39：ロータス108
スーパーバイク

　自転車の歴史に残る技術革新を生んできたのは、斬新なアイディアを形にする能力とヴィジョンをもった人々だ。イギリス人設計家、マイク・バローズもそのひとりである。バローズは1987年、レース用自転車に革命的なコンセプトをもたらした。それにより自転車レースは根本から変わり、同時に長年にわたる激しい論争もまきおこった。

製作年：**1992年**

製作者：
　ロータス

製作地：
　ノーフォーク

　20世紀のあいだ、ホイールやギア、フレームの性能が向上するにつれて、レース用自転車のスピードは着実に伸びていった。それでもバローズが現れるまでは、個々の要素がいかにすぐれていても最終的に走りを左右するのは空気抵抗だと理解している人は、ほとんどいなかった。バローズは、乗り手のエネルギーのほぼ90パーセントが空気抵抗を抑えるためだけに消費される問題を解決しようとした。空気抵抗を小さくすれば、当然スピードは増すはずなのだ。

革新的デザインのロータス108。自転車の概念が一変した。

減量

　当時もっとも過激なレーシング自転車を生むことになるバローズだが、空気抵抗の問題に目をつけたのは彼が最初ではなかった。1980年代、多くの設計者が同じ結論に達し、単一構造の金属シェルで超軽量レース用自転車をつくろうとしてきた。それが実現できれば、空気抵抗が最小化され、乗り手の負担がかなり軽減されるはずだ。フレーム製作会社も、あいかわらず従来型のメタルチューブを使ってはいたが、フレームやチューブの新たな構造を模索しはじめていた。たとえば前傾式のトップチューブに小さめの650cの前輪をつけると、空気抵抗が小さくなった。シート角をより急にすると、乗り手が前傾姿勢になるので、より低くダイナミックなハンドルバーを搭載できた。こうした試みは、ディスクホイールの誕生など、最新のホイール改革にも助けられていた。ハンドルバーのデザインも進化し、タイムトライアル選手は従来型のドロップハンドルから上向きのブルホーンハンドルに切り替えた。こうした変化すべてが車体全体の流線形効果を増すことになったが、フレームの軽量化という肝心の問題は解決できなかった。

革新的フレーム

　一匹狼だったマイク・バローズは、この問題に取り組むために、宇宙時代の幕開けとともに登場した新素材が従来の自転車デザインに使えるか試作を重ねた。そして、単一構造のモノコックフレームを新素材のカーボンファイバーでつくるという答えにたどりつく。カーボンは非常に強度があり、どんな形にも成型できる素材で、強度重量比も非常に高いため航空機製造の分野ではアルミに代わって採用されていた。

　レース用自転車にとっても、カーボンファイバーはほぼ完璧な素材だった。軽量なのに驚くほど強靭で、バローズの試作品がずば抜けた1台になることは目に見えていた。1987年、バローズは自信満々でイギリスの一流自転車メーカーに自分のデザインを提示した。だが、バローズの期待に反して、どのメーカーも関心を示さなかった。イギリス自転車連盟（British Cycling Federation）は興味を示したものの、モノコックフレームは現在のUCI（国際自転車競技連合）の規定で禁じられていると指摘した。

　ここでバローズのプロジェクトが終わっていたとしても不思議ではない。だがUCIはその3年後にモノコック禁止の規則を突然廃止した。この措置でたちまちバローズの革新的な車体への反感はぬぐい去られたのだ。偶然にもマイク・バローズの住まいはイギリスのノーフォークで、レーシングカー・メーカーのロータス工場が近かった。そこで働く友人が、試作品をロータスにもちこみ風洞実験で空気抵抗を測定してはどうかとバローズに提案した。実験結果がすばらしかったので、グランプリレーシングカー製造ですでにカーボンファイバーの技術と知識をもって

いたロータスは、この未来のスーパーバイク開発に乗り気になった。

1年の試行錯誤のすえに、ロータス・スーパーバイクがヘセルのロータス工場から世に出された。ロータス108だ。過去の自転車とは次元の違う風貌にくわえ、パフォーマンスも過激だった。バローズとロータスが生んだのは、超軽量カーボンファイバーのモノコックフレームだ。黒く優美で羽根のように軽く、カンチブレーキを装備した、エーロフォイル断面（航空機の翼やプロペラで使われる形状）の1本足の片持ちフォークである。細部にまでこだわった精緻な設計で、たとえばホイールひとつとっても前後同じではなく、一方はディスクホイール、もう一方は3本スポークだ。前後輪ともに1本フォークの同じ側についていた。ハンドルも突飛で、背を丸めて前傾になって座り、腕を伸ばして指を組めるほど長かった。ロータス108は、自転車はこうあるべきという固定概念をくつがえし、新たな形を示したのだ。さらに、走行中の空気抵抗は既存のどのレーシング自転車よりも小さかった。

ロータスの性能が期待を裏切らないことは、イギリス人自転車選手、クリス・ボードマンがロータスで試合に出た際に証明された。スタート直後から、マシンと選手は一体化しているかのようだった。ボードマンにはロータスの斬新なデザインにふさわしい力があり、ほぼ完璧なタイムトライアル・ポジションで走りきり、完成度の高い空力姿勢を維持した。

世界チャンピオン

1992年、ボードマンは新型のロータス108でバルセロナ・オリンピック個人追い抜きに出場した。ロータスが公の場で披露されるのはこれがはじめてだった。ボードマンはあっさり世界記録を破り、4分27秒397の記録で準々決勝へ進んだ。翌日の夜、ボードマンは前日のみずからの記録を更新する4分24秒496でデンマークのヤン・ペーターセンを破った。金メダルを手にすると同時に、4000メートル個人追い抜きの世界記録も残したのだ。追い抜きでは、250メートルのトラックのホームストレッチとバックストレッチから2人の選手が同時にスタートし、より速いタイムを出した選手が勝者となる。一方の力が抜きんでていると、ゴール前に相手を追い抜くこともあるが、ロータスに乗ったボードマンもまさに相手を追い抜いて、長らく世界チャンピオンの座を守っていた選手に1ラップの差をつけた。イギリスにオリンピックの自転車競技で金メダルをもたらしたのは、72年前のアントワープ大会でトマス・ランスとハリー・ライアンがタンデムスプリントで優勝して以来の快挙だった。

ボードマンはその後、ツール・ド・フランスのプロローグで勝利したが、乗っていたのは108のロードレース・タイプ、ロータス110だった。太いトップチューブと巨大なシートピラーがダウンチューブとシートステイに

「あれはわれわれが考えもしなかった領域だ。自転車に乗っているときの姿はこういうものだという考えにとらわれて、判断力を奪われていたからだ。新型自転車の開発は、自転車愛好家ではない、別分野の専門家をまきこむことからはじまった。（中略）これは斬新な考えで、このスポーツに革命を起こした」

クリス・ボードマン
（2000年）

とって代わり、巨大なチェーンステイも目を引いた。また、マヴィック社の電動変速機「ザップ」を使っていたのも画期的だった。

　ボードマンとロータスが勝利を重ねると、スポーツと新技術のぎくしゃくした関係が露呈する。1996年には、ロータスのような数万ポンドもする高級モデルがオリンピックの自転車競技のメダルを総なめにするまでになり、アマチュア選手やメーカーから不満が噴出した。これを受けてふたたび調停にのりだしたUCIは、「スーパーバイク」の使用をあらためて禁止し、ロータスもその対象になった。規定違反と判断されたのは、車体がカーボンファイバー製で、しかも乗り手がノーマルとされてきた体勢とはいちじるしく異なる体勢で走るためだ。

　この規定はばかげていると考える人は多かった。どんなオリンピック競技であれ、選手が使う道具は、技術革新や新たな発想によって時代とともに変化しているからだ。いずれにせよ、たとえ一時的であろうと、マイク・バローズの斬新なデザインとロータス社のカーボンファイバー技術が生んだ最高傑作を否定できる者はいなかった。

　技術革新に対する議論の余談として、製造されたロータスがその後どうなったか紹介しよう。108モデルは15台製造された。1台は1991年の試作品、オリンピックでは3台が使われた。さらに8台は、1台1万5000ポンドで買い手がついた。15台のうち、展示されているのはすくなくとも2台で、そのうち1台はヘセルのロータス工場に置かれている。もう1台はボードマンがアワーレコードをたたき出したときのマシンで、リヴァプール博物館に展示されている。

1992年のオリンピックでロータスで勝利をおさめたクリス・ボードマン。

40：コルナゴ
タイムトライアル自転車

　1994年10月のある夜、スイス人自転車選手、トニー・ロミンゲルは、観客もまばらなボルドー競技場でコルナゴにまたがり、アワーレコードの世界記録樹立に向けて走りはじめた。破るべき記録は53.040キロ、わずか1カ月前に同じ競技場でロミンゲルのツール・ド・フランスのライバル、ミゲル・インドゥラインが打ち立てたものだ。平地のパワーより登坂能力の高さで有名なロミンゲルは、競技場のトラックレースには不慣れだった。彼の強みは、エルネスト・コルナゴがロード用タイムトライアル・モデルをもとに入念に調整した自転車だった。

製作年：1994年

製作者：
　コルナゴ

製作地：
　カンビアーゴ

　ロミンゲルの挑戦は、思うようにいかなかった。1回目の走行では、バンクしたカーブに入るスピードが速すぎて、コントロールを失い激しく落車した。それでも2日後にはすっかり回復し、ふたたび挑戦した。過去に経験したことがないスピードで走行するロミンゲルが乗っていたのは、新型コルナゴだ。空力フレームと近未来的デザインのハンドル、レンズ状の軽量ホイールが特徴だった。そのコルナゴでロミンゲルはインドゥラインの1カ月前の記録を55.291キロという驚くべき距離で破った。

1984年、トニー・ロミンゲルがアワーレコードの世界記録を樹立したコルナゴ。

コルナゴの成功物語

　ロミンゲルがこれほど劇的に記録を塗り替えることができたのは、コルナゴの空力ハンドルによるところが大きかった。そのおかげで乗車姿勢が流線形になり、空気抵抗を最小限に抑えることができたのだ。のちのモデルとは違い、当時のコルナゴはスチール製のフォークブレードとエーロフォイル式シートチューブを採用していた。くわえて横風の影響を減らすレンズ状ホイールだった。ロミンゲルの記録に刺激されて翌年再挑戦を決めたミゲル・インドゥラインは、カーボンファイバー・フレームを選び、コロンビアで高地トレーニングを重ねた。しかし挑戦は失敗し、ロミンゲルの記録は1996年にクリス・ボードマンに破られるまで続いた。

　イタリアの高級レース自転車メーカーであるコルナゴは、ロミンゲルと関係を深める前に、エディ・メルクスともかかわっていた。元自転車選手のエルネスト・コルナゴがミラノ近郊でビジネスをはじめたのは1954年、衝突事故で選手生命が絶たれたときだ。コルナゴの会社は、ウーゴ・デ・ローザの会社同様すぐに軌道にのり、高級スチール製自転車メーカーとの名声を得たが、のちに斬新なデザインやカーボンファイバーなどの新素材を積極的にとりいれたことでも評価された。創業当初から製品の質の高さは関係者の目には明らかだったので、レーシング用モデルを求める声が高まった。そしてエルネストはモルテニ・チームのチーフ・メカニックに任命され、そこでベルギーの伝説的選手、エディ・メルクスに出会うことになる。

エルネスト・コルナゴ。高性能レーシング自転車を製造し、世界中で高く評価されている。

クラブのエース

　コルナゴは一般的に、ロードレース用フレームの世界一のメーカーのひとつと思われている。コルナゴが成功したのは、1960年のローマ・オリンピックで、ルイジ・アリエンティがコルナゴの自転車で金メダルを手にしたためだ。1970年のミラノ～サンレモ・レースで、コルナゴに乗ったモルテニ・チームのミケーレ・ダンチェッリが優勝すると、コルナゴはブランドロゴを現在の有名な「クラブのエース」（アッソ・ディ・フィオーリ）に変更した（左写真）。

40：コルナゴ　171

「メルクスは将来有望なチャンピオンだった。わたしは将来有望なフレームビルダーだった。だからメルクスのような偉大なチャンピオンのために仕事ができて、非常に光栄だ。おかげでわれわれは成長できた」

エルネスト・コルナゴ
（2004年）

チームにくわわったばかりだったメルクスとコルナゴは親交を深め、パフォーマンス向上のために意見もかわした。モルテニ・チームが勝利を重ねるようになり評判が高まると、コルナゴは大量生産市場に参入することを決意する。アメリカでは、1970年代初頭に自転車販売台数が大幅に伸び、コルナゴは「まるで人類の未来がかかっているかのように、つぎつぎと自転車を製造した」そうだ。1970年代のコルナゴの主力ラインはスーパーとメキシコで、アワーレコード記録樹立とその開催地への敬意から名づけられた。その後スプレッシモとエサ・メキシコもくわわった。こうしたコルナゴ初期のモデルの仕上がりにはむらがあったが、すばらしい自転車であることは確かで、熱烈な愛好家が生まれた。

フレーム

　コルナゴも厳しい評価を受けなかったわけではない。とくに、フレームは堅さがたりないといわれていた。完璧主義者のコルナゴは、フレームの性質を変える実験を重ね、1983年、オーバル形のトップチューブでフレーム剛性を高めたコルナゴ・オーバルCXを発表した。のちに試作した波形筋の入ったフレームは、上級モデルの量産型に搭載した。その後もコルナゴは実験を続け、イタリアのレイノルズ・チュービング社のライバル、コロンバスから仕入れたチューブでフレームを製造した。こうして生まれた自転車は、イタリア選手ジュゼッペ・サローニが使い、

コルナゴ社の生産ライン。組み立て工程を待つフレーム。

1982年の世界自転車選手権で優勝している。

　新素材が出るたびに、コルナゴは自転車にとりいれた。1980年代には、スチール以外のチタンやアルミ、カーボンといった素材を使いはじめていた。当時急進的といわれたフレームは、チタン製ダウンチューブを2本もつビチタンだ。波状リブ入りの大型チューブは、過去最軽量のスチール製自転車、テクノスに採用された。同じく大型チューブと波状リブはアルミフレームのドリームでも使われている。

　研究熱心なコルナゴは、1981年、カーボンファイバー製モノコックフレームにディスクホイールを装備したCX 1を開発した。カーボンファイバーの時代が来ると確信していたので、自動車メーカー、フェラーリとともに新技術の開発に明け暮れ、斬新なフォーク・デザインにも取り組んだ。これがコルナゴのスチール製ストレートフォーク、プレシサを生む。新素材が登場するたびにコルナゴはフレームに応用し、複合素材のフレームを開発、チタン製メインチューブのCT 1やCT 2といったモデルを製造した。

　大胆な技術革新に取り組んだものの、カルナゴの初期のカーボンファイバー・フレームは商業的には成功しなかった。しかし、積み重ねたノウハウはつねに新製品に生かされ、1994年にはC40やその後継モデルC50が誕生している。これらのカーボンファイバー・フレームは、業界の最高水準を適用し、従来のフレーム製造法を改良してつくられた。微少な異物混入のある鋳鋼に代えてカーボンファイバー製のラグを使い、複雑なスチールチューブの代わりにカーボンファイバー・チューブを用いている。ブレーキにも抜かりはなく、C59は前後輪とも油圧式ディスクブレーキを搭載している。コルナゴは自転車設計の新たな時代を開いたのである。

コルナゴはフォークの革新的なデザインで有名になった。スチール製ストレートフォーク「プレシサ」はその一例だ。

パワフルにしてエレガント。グレーのコルナゴC59。

40：コルナゴ　173

41：スコット・アディクトRC
カーボンフレーム

　スコット・アディクトは、カーボンファイバー製自転車の技術が過去10年でどれほど向上したかを教えてくれる。世界最軽量のわずか790グラムしかないフレームは、トップクラスのレース性能をかねそなえたロードレース自転車界のサラブレッドだ。レース仕様の構造で、短いヘッドチューブに長いトップチューブ、そして大きいシート角が特徴である。カーボン製ドロップアウトや前変速機、アウター受けも特徴的だ。もっとも評価が高いのは、急勾配でも登ることができ、なおかつ快適な乗り心地が約束される点だ。

製作年：2000年
製作者：スコット・アディクト
製作地：スイス

スコット・アディクトRC。カーボンファイバー技術が生んだ、新型軽量ツール・ド・フランス参加モデル。

　カーボンファイバーは、自転車のフレーム製造にはもはや不可欠だ。強度が高く用途も広いため、大きな可能性を秘めているためだ。カーボンファイバー自体は、1963年、イギリスの王立航空施設でW・ワット、L・N・フィリップス、W・ジョンソンが製造法を開発し、はじめて誕生した。石油精製で残る石油ピッチが原料なので、従来の素材の代替材探しは大きく前進した。カーボンファイバーはどんな形にも成型可能なため、さまざまな形の部品を強度補強に利用できる。自転車にとってはほぼ完璧な素材といえるだろう。強度重量比もすばらしく、そのため航空機製造でも欠かせない素材になっている。

　スコット・アディクトをはじめとするカーボンファイバー・フレーム自転車の欠点は、非常に高価なことだ。過去数年でかなり手頃な価格の大量生産モデルも出たが、オーダーメイド品はいまだに比較的生産コストが高い。寿命と耐久性も懸念材料だ。プロ選手が乗るカーボンフレームの自転車は、最低1年に2、3回割れたりひびが入ったりするのがふつうだ。経年劣化の兆候もあるようで、数年経過すると剛性が低下する。カーボンフレームは成型でつくられるので、カスタムバイク用には費用効率が低いとの意見もある。成型用の型にコストがかかるためだ。もっともスコット・アディクトのような高級レーシング・モデルには、コストなど問題ではない。

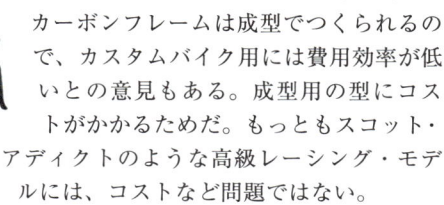

スコット・スポーツ SA

　アディクトは、スイスのスコット・スポーツ SA 社の製品だ。以前はスコット USA という社名で、ウィンタースポーツやモータースポーツほか、スポーツ全般のウェア・メーカーだった。創業者エド・スコットは、アイダホ州サンヴァレー出身の技術者にしてスキーヤーで、1958 年、それまでのスチールや竹のスキーポールより高性能のアルミニウム製ポールを開発した。この成功で資金が潤沢になったので、ほかのスポーツにも事業を拡大した。

　1989 年、スコットはサイクリングの歴史を変える新製品を世に出した。空気抵抗を小さくするハンドル、エアロバーだ。同年ツール・ド・フランスで優勝したアメリカ人選手、グレッグ・レモンがエアロバーを使っていたため、その効果が証明された。その後、1991 年には初のサスペンションフォーク、ユニショックも開発される。こうした技術改革で、スコットの自転車は国際レースで優勝を競う一流選手に選ばれるようになり、ツール・ド・フランスでもくりかえしステージ優勝を飾りはじめる。2000 年に発売したロード用のチームイシューは重量 1 キロ以下で、当時は最軽量だった。その 2 年後には 895 グラムのフレームを開発している。

　スコットの成功の鍵は、最新のカーボンフレーム技術にある。アディクト R 3 のリアトライアングル、シートステイおよびシートチューブは、スコット社オリジナルのチューブ・トゥ・チューブ構造の CR 1 モデルを踏襲し、一方フレーム前部は単一構造のモノコックで、チェーンステイやフォークも一体化している。

　複数パーツの一体成型プロセス（詳細は明かされていない）では、ヘッドチューブの交差部の素材を 11 パーセント削減できるので、軽くスピードの出るフレームになるといわれている。この軽量化への取り組みは確実な成果になって現れていたので、テストライダーは登坂性能の高さに驚いた。73.3 度のシート角も、立ちこぎには最適だった。そのような性能の高さがトップ選手に認められ、チーム HTC・コロンビアのマーク・カヴェンディッシュは、スコット・アディクトで参加した 2009 年のツール・ド・フランスで 6 ステージを制し、翌年も 5 ステージで勝利した。徐々にアディクトは、プロが選ぶカーボンフレームの基準とみなされるようになった。登坂時のスピードを約束する軽さはもちろん、スプリントレースでも勝てる剛性もかねそなえているためである。

ジニアス

　スコット社の成功はほかの自転車分野でも続き、最軽量フルサスペンションのマウンテンバイクも生産した。それがジニアスだ。ジニアスは新コンセプトモデルで、衝撃吸収度により 3 つのモードに分かれていた。ロックアウト・モード、オールトラベル・モード、そしてトラクション・モードである。また、トマス・フリシュクネヒトが 2005 年の世界選手権のマラソンイベントでジニアスで勝利を飾って注目された。

42：プロ・フィット・マドン
ランス・アームストロング

　1999〜2005年にかけて、ランス・アームストロングは自転車レース界の王者だった。近年の失墜は、過去の偉業、とりわけツール・ド・フランス7連覇を考えると、あまりに落差が大きい。1997年、癌治療後のアームストロングはアメリカの自転車メーカー、トレック社に救いの手をさしのべられ、同社のスポンサー・チーム、USポスタル・サービスと契約した。トレック5500に乗ったアームストロングは、1999年にツール・ド・フランスで初優勝した。アメリカチームに所属し、アメリカ製の自転車に乗ったアメリカ人選手がツールで優勝したのも初のことだ。彼はさらに6回の優勝を飾ったが、乗ったのはいつもトレックだった。

製作年：2005年

製作者：
　トレック

製作地：
　ウィスコンシン

　トレック・バイシクル社は、リチャード・バークとベヴィル・ホッグがウィスコンシン州ウォータールーに設立した。1975年にはスチール製のツーリング用フレームを製造しはじめる。事業は軌道にのり、アメリカでもっとも成功したレーシング自転車メーカーになった。長い歴史をもつヨーロッパのメーカーに追いつき追い越すために、新素材や技術をとりいれた。こうした成果は、1998年に発足した社内組織、先進概念グループから生まれた。これは高い技能をもつ専門家集団で、フレーム用の新素材や技術をつねに探している。この集中的努力の結果生まれた自転車のひとつが、2003年のオリジナル・モデル、トレック・マドンだ。フランスの街、マントンに近いマドン峠にちなんで名づけられた。マドンは、ランス・アームストロングが歴史に残るツール・ド・フランス連勝中に乗っていたことでも知られている。

アメリカのチャンピオン、トレックは、最新技術で一流選手を惹きつけた。

逆境からの復帰

アームストロングの人生は、いく多の不幸からはじまった。母親は17歳でランスを出産したが、父親はランスが2歳のときに家を出て二度と戻ってこなかった。驚くことに、アームストロングは初めから自転車選手だったのではなく、水泳、自転車、長距離走をこなすトライアスリートとしてキャリアをスタートした。泳いでも走っても速かったが、あきらかにずば抜けていたのは自転車の才能だった。そのためトライアスロンをやめ、自転車競技に専念するとすぐに頭角を現す。1991年には全米アマチュア自転車競技会で優勝し、翌年プロに転向した。ロード世界選手権ではミゲル・インドゥラインに19秒差をつけて優勝、同じ年に全米ロードレース選手権も優勝、さらにツール・ド・フランスも初参加で区間優勝を果たした。

だがのちにランス・アームストロングの上にたれこめる黒い雲が、早くも見え隠れしはじめる。ツール・ド・フランスで初優勝した1999年、ドーピング検査で陽性反応が出たのだ。これはサドル痛の治療クリームの副作用としてかたづけられたが、それ以来、彼のなみはずれたパフォーマンスには、つねに疑惑や噂がつきまとうことになる。

25歳でキャリアのピークを迎えたとき、医師に精巣癌を宣告される。若い男性にはもっともよくみられる癌だが、早期発見できれば治癒率は90パーセントと高い。だが多くの人と同じように、アームストロングも病気の初期の兆候を無視していた。治療を受けずにいる間に、癌は腹部や肺、脳に転移していた。回復の見こみは薄そうだったが、彼には病気に対抗する独自の武器があった。まず、癌であることを除けば調子がよく、サポート体制も完璧で、なにより負けず嫌いだったのだ。アームストロングは病気に真正面からぶつかり、癌の犠牲になるつもりはなくかならず克服すると公言した。当時の言葉を紹介しよう。「病気をとおしてわたしは疎外感を学んだ。世間にすっかり忘れられたからだ。そのときわたしは思ったのだ。オーケー、賭けをしよう。徹底的にやろう。負けるのはみんなのほうだ、と」

いつもの几帳面さで、彼は癌の症状と治療法を徹底的に調べた。この知識で武装し、医学を信頼して集中的に治療を受け、病気を克服した。

ドーピング疑惑前、勝利へ向かって走るランス・アームストロング。

42：プロ・フィット・マドン　177

> 「病気をとおしてわたしは疎外感を学んだ。世間にすっかり忘れられたからだ。その時わたしは思ったのだ。オーケー、賭けをしよう。徹底的にやろう。負けるのはみんなのほうだ、と」
>
> ランス・アームストロング
> （2011年）

　この時期、みずからの運命を知る前から、アームストロングは癌患者の支援と世間への啓蒙活動のための慈善団体、リブストロング基金を設立している。
　医師らはアームストロングの生存率を約40パーセントと見積もっていたが、のちに個人的にはもっと低いと考えていたと告白している。病気が原因で問題も抱えた。プロ選手契約がキャンセルされ、契約先がないまま健康保険もなくなったのだ。治療自体は屈辱的で、毛髪が抜け、自転車で低い丘へ登ることもできないほど筋力も落ちた。それでもアームストロングは生きのび、癌からの復帰に負けずおとらず感動的なことをやってのける。着実に体力をとりもどし、わずか数年後にツール・ド・フランス7連覇の最初の1勝を飾ったのだ。

ドーピング問題

　重い癌から復帰を果たし、ふたたびチャンピオンになった一流アスリートは、おそらくアームストロングくらいだろう。しかし彼のカリスマ的地位は、ドーピング疑惑で大きくゆらぐ。2005年8月、ツール・ド・フランス総合ディレクター、ジャン＝マリー・ルブランは、アームストロングに対して薬物疑惑の釈明を求めた。能力向上性薬物、エリスロポエチン（EPO）が1999年ツールのアームストロングの血液検体から発見されたとの記事が、フランスのスポーツ紙レキップに掲載されたのを受けての要請だった。アームストロングは疑惑をすぐさま否定し、その後数年間否定しつづけた。だがこのような秘密は隠しておくのがむずかしいもので、元チームメイト数人が成長ホルモンにかんする「秘密の暗号、内密の電話、人目をしのんだ会話」について暴露しはじめ、残念ながらどれもアームストロングの薬物使用を裏づけていた。
　2011年2月、アームストロングは競技生活からの引退を表明し、その一方でドーピングにかんして連邦調査を受けた。原点に戻ってトライアスロン選手になり、プロとして数回の大会に出場した。そして2012年6月、全米アンチ・ドーピング機関（USADA）が違法な能力向上性薬物を使用していたとしてアームストロングを告発する。薬物使用の告発はすべてUSADAが調査し、アメリカ・ポスタルサービス・プロチームの元メンバー11人が彼に不利な証拠を提出していた。
　2012年8月24日、USADAは「ドーピング謀議問題」が実際に存在し、ランス・アームストロング選手個人が「スポーツ史上まれに見る巧妙で効果の高いドーピング・プログラムを成功裏に」組み立てたと結論づけた。その結果、ツール・ド・フランスの7回の総合優勝のタイトルは剥奪され、自転車競技界からも永久追放された。同年10月、自転車競技を統括する国際自転車競技連合（UCI）は、USADAの裁定を受け入れ

るとの声明を出した。抗しがたい証拠を出されたアームストロングは、スポーツ仲裁裁判所への申し立ては行わなかった。2013年1月、アームストロングはアメリカのテレビ番組に出演し、司会者のインタビューに答えた。そしてこれまでずっと否定してきたにもかかわらず一転、能力向上性薬物の使用を認めたのである。レースであれほどの強さと勇気を示してきた男が公の場でみずからをそこまで貶めるとは、だれにとっても受け入れがたい出来事だった。アームストロングは、数年前のみずからの言葉を守るべきだったのだ。「わかりきったことだ。引退の場所はツールのシャンゼリゼ通りになるだろう」

アームストロングのなにものにも負けないとの決意は固かったので、自転車選手としての未来は閉ざされたが、トライアスロン選手として新たなキャリアをスタートさせる。ティーンエイジャー以来遠ざかっていたスポーツだ。USADAは快く思わず、アームストロングの競技会出場を禁止した。どんなスポーツであれ、アームストロングが悪評をもたらすという懸念が大きくなっていたのだ。アメリカの一流トライアスロン選手はこう述べた。「ランスが参加すればまちがいなくトライアスロン競技はもっと注目されただろう。だが、自転車界の評判は地に墜ちた。われわれは同じ轍を踏みたくないのだ」

ランス・アームストロングは世界中から不正を非難されているが、彼を転落させたのはスポーツ界の悪習だと感じている人も多い。フランスの名選手にしてツール5回の優勝を誇るジャック・アンクティルは、1960年代にこう述べていた。「ツールをミネラルウォーターだけで走ることは不可能だ。(中略)1年に235日レースに出ているプロの自転車選手が興奮剤なしにあのスピードを保てると思うのは、愚か者だ」

点滴するアームストロング。不可解な事件に、世論の熱狂的支持は大いなる不審へと変わった。

42：プロ・フィット・マドン 179

43：ヴェリブ
都市型レンタル自転車

　近年、世界中の都市でレンタル自転車システムが急速に広まりつつある。渋滞する都会の道をすばやく移動したい人に自転車を貸し出す仕組みだ。おもな目的は利益をあげることではなく、利用料で費用をまかないつつ都心の車の交通量を減らすことだ。今日、多くの街でレンタル自転車が誕生し、鉄道や地下鉄の駅、公共施設や公園といった場所に、同じデザインの自転車がずらりとならんでいる。

製作年：2007年

製作者：
　メルシェ

製作地：
　ハンガリー［仏メルシェ社による製造］

　都会で整然とならぶレンタル自転車は、低料金ですみやかに移動したい人が乗ってくれるのを待っているかのようだ。街のなかの自転車移動は、骨の折れることではない。世界中の大半の都市は歴史的に平坦な低地の川沿いで発達してきたからだ。もちろん料金は利用者負担だ。いまのところ公的機関が所有し運営するレンタル自転車制度で、自己資金のある事業として継続的に運営できたところはない。
　ひと目でそれとわかる鮮やかな色が多いレンタル自転車は、ほぼスチールフレームで、シンプルなハブギア、チェーンケースなどが特徴だ。このため通勤に使われることが多いロード用自転車より重たく、乗りにくい。運んだり駐輪したりするのもひと苦労だ。そうした理由でレンタル自転車として使われるスチール製のタイプは、一般の乗り手にはあまり売れていない。また、通勤の足としても第1候補とはいいがたい。自転車をもって公共交通機関を利用したり、ビルの2階以上にある自宅やオフィスまで運んだりするのはたいへんだからだ。しかし重たいスチー

整然とならぶレンタル自転車。ヴェリブの自転車は、すぐにパリの町なみに溶けこんだ。

ル製自転車には大きな利点がある。簡単にラックに固定でき、真冬でも外に置いておけるのだ。

初のレンタル自転車システム

　初のレンタル自転車は、1965年、地方自治体が先頭に立ってはじめた。社会的弱者が使うことを目的としたチャリティ制度だったところもあるが、多くは大気汚染が深刻化する都会で、空気を汚さない移動手段として自転車を売りこむことが目的だった。肝心なのは、使いたい人の目につきやすい場所に駐輪場を設置することだ。街に出入りする人や仕事に行く人が集まる場所、つまりバスターミナルや列車の駅なら目につきやすい。また、当初から盗難や未返却が大問題で対応がまたれたが、潜在的利用者が躊躇しないような解決策を講じる必要があった。もうひとつ無視できないのが、自転車がどうしてもこうむってしまう破損被害だ。これを最小限に抑えることは、いまだに解決されていない難問である。こうした理由から、現在のレンタル自転車システムでは、利用前に保証金を払ったりなんらかの保険をかけたりするのが一般的だ。しかし、盗難率はどこもあいかわらず高いままである。レンタル自転車には移動手段としての価値しかないため、盗難後はきれいに塗りなおされ、盗難車とは知らない相手に転売されることがほとんどだ。これを防ぐために、大規模なレンタル自転車団体は独自デザインの専用自転車を使いはじめている。フレームや部品をあきらかにレンタル自転車とわかるデザインにすれば、盗難後に塗りなおされてもそれとわかるので、転売防止になるのだ。

　1台のレンタル自転車がカバーする距離は非常に長く、乗りすて方式が採用されて以来伸びてきた。乗りすて方式では、レンタル自転車を借りた地点とは別の場所で返すことができる。これは、集積回路を組みこんだ新型レンタルカードの登場で可能になった仕組みだ。1台の自転車がそれぞれ異なる乗り手によって1日10〜15回利用されていることも、カードのデータ解析から明らかになった。リヨンのレンタル自転車が1年間にカバーする距離は、1万キロにもおよんだそうだ。

　レンタル自転車がこれほど成功したのは驚きだ。なにしろ1965年にはじめて実施された際は、大失敗に終わっているのだ。初期のレンタル自転車の仕組みは、1965年夏のアムステルダムで、ルード・シメルペニンクがプロヴォとよばれるアナーキスト集団とともにはじめた。このいわゆるホワイト・バイシクル・プランは、無料のレンタル自転車システムで、乗りすて方式で置かれた自転車をつぎの利用者がまた使うという想定だった。だが1カ月とたたないうちに、自転車の大半が盗まれ、残りは運河に沈んでいるのが発見された。数年後、シメルペニンクは、計画には最初から継続できる見こみがなかったと認めた。自転車が10台し

> 「ヴェリブの発明で、自転車が週末のお遊びだけではなく、まじめな移動手段としても使えることが証明された」
>
> ル・パリジャン紙関係者

レンタル自転車は、世界中の都市の車の流れや交通法に大きな影響をあたえるようになった。

かなかったことにくわえ、乗りすてられた自転車が警察に押収されることもあったらしい。失敗したのはアムステルダムだけではない。かなりのちの1993年、イギリスの都市ケンブリッジが独自のグリーン・バイク計画をスタートし、300台の自転車を投入した。だが1年以内に大半が盗まれ、グリーン・バイク計画は自然消滅した。

1974年に無料レンタル自転車システムをはじめたフランスの街ラ・ロシェルは、アムステルダムよりは運がよかった。これは黄色い自転車を意味するヴェロ・ジョーヌ計画とよばれ、無料を基本に、ユニセックス・モデルの自転車を採用した。市民も、かつてのアムステルダム市民より好意的に受け入れた。現在ヴェロ・ジョーヌは、ヨーロッパではじめて軌道にのったレンタル自転車システムとして認められている。現在も継続しているが、防犯対策費がかさみ、利用料が徴収されるようになった。

ヴェリブの成功物語

レンタル自転車をもっとも成功させたのは、パリだろう。ヴェリブとよばれるこのシステムは、2006年にベルトラン・ドラノエ市長が導入した。ヴェリブはたちまち軌道にのり、第2次大戦以降見たことがないほどのパリジャンが自転車で通りにくりだした。現在、街のなかには数百カ所のステーションがあり、2万台のヴェリブ自転車が待機している。ヴェリブ計画に合わせて、自転車専用レーンも街中に張りめぐらされた。システムはいたって単純だ。自転車ステーションは、街中の人がよく集まる場所に置かれている。利用者は30分〜数時間、自転車を借りることができ、目的地に到着すると最寄りのステーションへ戻せばいい。長距離の歩行や満員のバスや地下鉄に替わる移動手段として、ヴェリブは広く普及している。

レンタル自転車は、短距離移動には最適だ。大都市の例にもれず、パ

リも激しい交通渋滞に悩まされてきた。車は歩くようなスピードでのろのろとしか進まないが、自転車なら渋滞を尻目に、わずかな労力で20分もあれば5キロ進むことができる。開始当初はヴェリブにも課題があった。自転車をどこでみつけるか、返却時はどのステーションに空きがあるのかといった問題だが、これらはおおむね解消された。新技術により「オープンバイク」「サイクルハイア」「モリブ」などのスマートフォン向け無料アプリが数十種類も開発されたので、ヴェリブ利用者は最寄りのステーションを調べることができるのだ。

　ヴェリブの成功はめざましく、誕生から7年間で1億4000万件の利用が記録された。その影響で、パリジャンの移動に対する意識もがらりと変わったようだ。数年前は、スーツ姿のビジネスマンやエレガントに着飾った女性が自転車に乗るには思いきりが必要だったが、現在はパリの街角でごくあたりまえに見かける光景になった。パリの自転車移動はみるみる日常に溶けこんだ。年間29ユーロの会費も手頃で、レンタル料は1時間ごとに徐々にあがるが、会員は最初の30分間は無料で乗れ

ボリス・バイク

　カナダのモントリオールのビクシー・プロジェクトも、レンタル自転車の成功例のひとつだ。2010年に陽気なボリス・ジョンソン市長がロンドンではじめたバークレーズ・サイクル・ハイヤーは、ビクシーをモデルにしている。当然ながら、自転車はすぐに「ボリス・バイク」とあだ名をつけられた。ロンドンで使われているのは、モントリオールと同じ自転車だ。利用者は、1日利用権として1ポンドをいったん払ってしまうと、最初の30分間のレンタル料はいつでも無料なので、30分間なら何度でも無料で利用できる。高くない利用料のようだが、当初のロンドンのレンタル自転車にはパリとは違い荷物カゴがなく、つくりつけの盗難防止チェーンもなかったため、不満も聞かれた。パリと同じく、過った使い方をすると高額の罰金が科された。たとえば制限時間を超過して返却した場合は、罰金150ポンドだ。さらに悪いことに、自転車を紛失したり破損したりすると、最高300ポンドの罰金で弁償することになる。ただしパンクは利用者の責任ではなく、傷みが原因とみなされる。

ボリス・バイク。ロンドン版レンタル自転車は、名物市長が導入した。

自転車通勤。現在ほとんどの都市にレンタル自転車制度が存在する。

る。ヴェリブを車やバス、地下鉄より費用効率の高い移動手段にするという理念の表れだ。ヴェリブ利用者が直面する問題は、規則どおりに返却しないと莫大な罰金が科されることくらいだろう。

　現在パリでは、1日11万件以上のヴェリブ利用のうち、半分は職場と家との往復に使われている。パリのサイクリストの数も41パーセント増加した。さらにヴェリブのおかげで自転車人気も高まり、いまでは自前の自転車で街中を走る人が増え、パリでは毎日20万件の移動数にのぼっている。ほかの都市への影響も大きく、いまやフランス全土で70万人の労働者が自転車通勤をしているそうだ。

世界のレンタル自転車

　パリやロンドンで人気が出たので、世界中の都市が後に続いた。ヨーロッパ最大の都市、ブリュッセル、ローマ、ウィーンにも類似のシステムがある。この流れは小さな街へも広がり、いまではポワティエ、ボルドー、アヴィニョン、オックスフォード、ケンブリッジでもレンタル自転車システムが運営されている。国土が狭く、都市部の渋滞も激しいイギリスはとくにレンタル自転車の導入に熱心だった。すでにOYバイク社がカーディフとレディングでレンタル制度を運営しており、今後3カ所目となるファーンバラでも運用を開始する計画だ。

サイクリングが命を救う

　レンタル自転車の企画が成功したもうひとつの理由は、とりわけ健康によいためだ。レンタル自転車で都市部の住人の運動量が増えれば、結果的に寿命が延びるというのが一般的な見解だ。これは都市部の外へも広げるべきだろう。バルセロナはレンタル自転車計画を2007年に導入し、18万人以上の利用者がいる。スペインでは自転車と車の運転を比較研究し、レンタル自転車が健康にあたえる影響を分析した。すると身体活動が上昇した結果、都市部では毎年12人の人が死をまぬがれていることがわかった。肥満や脳卒中、心臓発作のリスクも下がった。レポートにはこう書かれている。「自転車通勤をうながすのが目的の低料金レンタル自転車システムは、別の街でも試す価値がある。健康によいのはもちろん、潜在的副次的利点として、大気汚染の減少や温室効果ガスの削減も期待できるためだ」

アメリカも熱心にレンタル自転車を都市部に導入しようとしてきた。現時点で最大規模のレンタル自転車システムは、マンハッタンとブルックリンにかけて400以上のステーションに1万台の自転車を擁するニューヨークだ。1994年には、オレゴン州ポートランドでアムステルダム方式が導入された。市民環境運動家がレンタル自転車を開始したのだが、だれでも自由に使える自転車を通りに置くだけのシステムだった。計画は世間の注目を集めたものの、自転車の盗難や破損で持続できないことが判明した。2年後、同じ制度がアリゾナ州トゥーソンに導入された。「爆弾ではなく自転車を」運動に触発されたホームレス支援団体が主体となり、公的基金を使ってトゥーソン中心部に80台の自転車を置いた。鮮やかなオレンジ色に塗ったにもかかわらず、こちらもすべて数週間で盗難や破損の被害にあった。同じ年、ウィスコンシン州マディソンがオレンジ色より目立つ真っ赤な自転車を導入したが、結果は同じだった。通りがかりの人がいつでも使えるようにとの理由で、利用者は赤い自転車に鍵をかけることは禁じられた。そのため盗難と破損があいつぎ、制度は改正されることになる。その後は鍵をかけることが義務化され、有効なクレジットカードと80ドルの保証金が必要になった。レンタル自転車システムを成功させるためには、保証金制度が不可欠であることがふたたび証明されたのである。

　都市型レンタル自転車はいまやアメリカやヨーロッパだけの現象ではない。低価格の都市型レンタル自転車システムが世界中に誕生し、中国も例外ではなかった。観光地での人気が高く、観光名所への移動手段として重宝されている。2011年5月の時点で、世界中の165都市に、136のレンタル自転車システムが存在し、約23万7000台の自転車が利用されている。たとえば中国で2008年にはじまった杭州公共自転車制度は、自転車は6万1000台、ステーションは2400カ所にのぼる。世界最大規模のレンタル制度といえるだろう。

同じ色のシティバイク。レンタル自転車は世界的にも重要なビジネスである。

43：ヴェリブ　185

44：サーヴェロ S5

モダン・クラシック

　サーヴェロは、最新のカーボンファイバー技術を駆使する自転車メーカーだ。近年はタイラー・ファラーをはじめ、一流選手が使っている。ファラーのようなトップクラスのスプリンターは時速約 70 キロで走行するので、わずかな空気抵抗の違いが走りに大きな差をもたらす。時間にして 0.002 秒、距離にしてホイール半分の差が勝利を左右するレースでは、空気抵抗は乗り手が克服しなければならない最大の障害だ。

製作年：2008 年

製作者：
サーヴェロ

製作地：
カナダ

　サーヴェロ S5 は、新種ともいうべきロードバイクで、従来のロードバイクのジオメトリとハンドリングに、高い空力性能をあわせもつのが特徴だ。タイムトライアルとトライアスロンに適した自転車の開発過程で誕生した。もっとも特徴的な空力デザインはシートチューブで、車体全体の気流をスムーズにするためにリアホイールにそって内側にへこんでいる。カーボンファイバー・フレームは製造コストが高いが、風を切るなめらかさと、選手のパワーを最大限に生かすための剛性を両立した最高の車体である。

サーヴェロ S5。トップ選手が愛用する、空力性能の高い世界クラスのレース自転車。

サーヴェロは、トラックでもロードでも高いパフォーマンスを見せつける。

より速いタイムトライアル専用車を求めて

　サーヴェロの創業者の1人は、オランダ人技術者、ジェラード・ヴルメンだ。ヴルメンはカナダのマギル大学で自転車力学を研究し、1995年、フィル・ホワイトとともにカナダでサーヴェロ・サイクルズを設立した。社名のサーヴェロ（Cervélo）は、イタリア語で頭脳を表す「cervello」と、フランス語の自転車「vélo」を組みあわせた造語だ。ホワイトとヴルメンが起業したのは、イタリアのトップ選手にタイムトライアルで好タイムが出せる自転車の設計を依頼されたためだった。既存のチューブで従来型の自転車しかつくらないスポンサーに不満を感じ、ものたりなく思っていたらしい。それでヴルメンに、タイムトライアル向きの斬新な空力フレームをデザインしてほしいと願い出たのだ。その結果生まれたのがサーヴェロ・バラッキだった。平均的自転車とはかけ離れたデザインで、カーボンファイバー・フレーム、Ｉビームサドル、空力を最大限に生かすフロントデザイン、そして一体化したハンドルバー、フォーク、ハンドルステムと、斬新なアイディアが満載だった。

　翌年サーヴェロは、ロードバイク2種と、タイムトライアル兼トライアスロン用2種を発表した。その技術があまりに急進的だったので、最初はプロ選手はだれも試そうとしなかった。乗り慣れた自転車をすてて新型モデルに乗って、勝利の可能性をふいにしたくなかったのだ。しか

44：サーヴェロ S5

し、2000年にICUが車体にかんする新たな規則を導入すると、当時使用されていた多くの自転車が法規違反になった。これはサーヴェロにとって願ってもないチャンスであり、会社の未来にとっても転換点だったといえる。サーヴェロはすでに新基準に適合するモデルを製作していたためだ。新基準がレースに適用されると、サーヴェロは完全に基準を満たした新シリーズを発表した。

さらに幸運が重なった。トライアスロン選手数人がサーヴェロで好成績をおさめたのに続いて、有名なプロ選手がサーヴェロのフレームにスポンサー・ロゴを入れてタイムトライアル競技で使いはじめたのだ。この後サーヴェロの売り上げは上昇する。数々の人気デザインを世に送り出したあと、2011年、ヴルメンはサーヴェロの経営権を売却した。会社は繁栄を続け、のちにオランダのポン社に買収された。ポン社は有名なガゼルのブランドをもち、ラレーやユニヴェガ、フォーカス・バイクスといったブランドをかかえるダービー・サイクルも傘下におさめる企業だ。その後も成功は続き、サーヴェロは世界の高級レーシング自転車の地位をゆるぎないものにした。

サーヴェロは、トライアスロン選手のあいだでとくに人気が高かったが、のちにタイムトライアルのプロにも使われるようになった。

「オープン」なマウンテンバイク

一流のレース自転車メーカーとの名声を確立したサーヴェロは、2011年、「オープン」というブランド名でマウンテンバイクを製造しはじめた。サーヴェロ初となる74センチホイールのO-1.0モデルは、最軽量の29インチハードテール・フレームで、重量わずか900グラムというふれこみだった。必要装備一式をそなえたラージサイズのフレームでその重さとは驚きだ。試作車のテストには気の遠くなるような時間がついやされ、その後新型モデルが公式に発表されるとジェラード・ヴルメンはこう述べた。「多くの仕事はコンピュータで処理できるが、最後はそれを組み立て、走らせ、どう動くか実際に確かめなければならない」。新型車はドイツのEFBe社のマウンテンバイク試験プロセスを受け、かつて試験をパスしたどのフレームよりも軽いことが認定された。限定生産車は徹底的に装備にこだわり、エンヴィの超軽量ホイールとアクロスの油圧変速機が搭載されている。それでも重量はわずか8.62キロだ。ただし、価格はずしりと重い1万2000ドルである。新規オーナーはフレームだけで2700ドルついやす計算だ。

「多くの仕事はコンピュータで処理できるが、最後はそれを組み立て、走らせ、どう動くか実際に確かめなければならない」

ジェラード・ヴルメン
（2011年）

図説自転車の歴史

レースの勝利

　サーヴェロは創業時から自転車レースでの成功をめざしていたので、2003年、チームCSCとスポンサー契約を結んだ。チームCSCは世界ランク14位だったが、このレベルのチームに自転車を提供した企業のなかで、サーヴェロはもっとも小規模でもっとも若いメーカーであることに業界は感心した。この投資はうまくいき、チームCSCは3年間、世界プロチーム・チャンピオンに輝いた。スポンサー契約が終了すると、2009年、現代メーカー初の自社チーム、サーヴェロ・テストチームを結成し、最高レベルのレースを展開した。サーヴェロが使われたレースでは、2008年、カルロス・サストレがツール・ド・フランスで優勝して絶頂期を迎えた。北京オリンピックではサーヴェロ自転車が40人以上の選手に採用され、その結果金メダル3つ、銀メダル5つ、銅メダル2つという記録を打ち立てた。

　レースの勝利とハイテク研究の組みあわせで、会社は世界最大のタイムトライアルおよびトライアスロン自転車メーカーになった。そのあいだもたゆまず研究と改良を続け、カリフォルニア州サンディエゴ航空宇宙技術センターなどでの風洞実験も重ねている。現代の技術では、おそらくカーボンファイバー・フレームにまさる軽量素材は存在しないので、サーヴェロはほかの部品の改良に専念している。たとえばサーヴェロS3シリーズでは、ほかに先駆けて先進的な内部ケーブル通しを採用した。

現在サーヴェロは、ハイテク研究の結果生まれた高い性能をマウンテンバイクにも生かしている。

45：ガゼル
自転車の国オランダ

　ガゼルはオランダの名高い老舗自転車ブランドだ。1892年、ウィレム・ケリンが創業し、のちにルドルフ・アレンセンを迎えた。ふたりが社名にガゼルの名を選んだのは、田舎を歩いているときに猛スピードでかけ抜けたガゼルが強く印象に残ったためだ。自転車の売り上げは好調で、1920～40年代にかけて東インドへも輸出された。現在ガゼルはコレクターに人気が高く、インドネシアでみつかることも多い。

製作年：1940年

製作者：
　ガゼル

製作地：
　ディーレン

　ガゼルは1930年に折りたたんで輸送できる自転車の製造をはじめ、1935年にはタンデム製造にも着手した。家電メーカーのフィリップスと提携し、初期の電動自転車を発明したのは1937年のことだ。その後、1954年、ガゼルはちょうど100万台目の自転車を製造したところで株式会社になった。その後も発展は続き、1959年には初の3速グリップシフトを開発、1960年代なかばには手作業でフレームを製造するレース部門をディーレン工場に設置した。1964年には、オランダの自転車メーカー初の折りたたみ自転車、「クウィクステップ」を売り出している。フロントハブのドラムブレーキは1968年に開発され、現在も製造されている。

　たった2人からスタートしたガゼルは、119年以上かけて国際的メー

風格のあるガゼル。1930年代からオランダのサイクリストのお気に入りだ。

サイクリストの国

　オランダの人々が自転車好きだと思われるのは当然だ。オランダは世界で唯一、人口より自転車の台数が多い国なのだ。オランダの人口は1650万人、自転車は約1800万台存在する。つまり国民1人あたり1.1台の自転車を所有している計算だ。アムステルダムだけで、自転車は50万台以上、一方自動車は21万5000台だ。オランダの都市生活者にとって、自転車はもっとも重要な移動手段であり、旅行全体の26パーセントが自転車旅行だ。これはヨーロッパ最高の数字である。あらゆる年齢、あらゆる体格の人が自転車に乗り、建設労働者、パン職人、銀行家から、年配の政治家や王族まで自転車に乗っている。政治の中心地ハーグでは、信号待ちで止まっている高齢の大臣の姿もめずらしくない。

昼も夜もこれほど自転車に頼る国は、オランダくらいだろう。

カーに成長した。1892年にはわずか3台しか売れなかったが、いまやオランダ一の自転車ブランドになり、年間35万台を製造している。1992年は、創業100周年記念と通算生産台数800万台達成が重なった。さらに、オランダのマルグリート王女が100周年をたたえてガゼルに「王室御用達」の栄誉を授けた。その後もガゼルの成功は続き、2008年には生産台数1300万台を達成している。ガゼルがオランダ自転車のアイコンであることはまちがいない。

永遠の愛

　なぜオランダではこれほど自転車が定着しているのか、オランダ同様平地が多いドイツではそれほどでもないことを考えると、不可解かもしれない。答えは異なる階級システムにある。ドイツでは、自転車は労働者階級で人気を博したので、それ以外の階級は下流の乗り物と見くだした。対照的にオランダでは、労働者も中産階級も同じように自転車に夢中になった。じょうぶで信頼の置ける、なにより階級に無関係な移動手段として、広く社会に浸透したのである。また、みずからを現実的で慎み深く勤勉な人間と見なしているオランダの国民性にもぴったりだった。最新式の車や馬をひけらかすことは、オランダの人々の気質には合わなかったのだ。その結果、自転車の所有台数が増えた。1910年には45万台もの自転車が所有され、10年を待たずにその数は倍になった。

> 「オランダで自転車に乗ると、道路が設計当初から自転車と車を念頭に置いていることがわかる。（中略）サイクリストが尊敬されていることがよくわかるので、交通ルールを遵守しようという気持ちにもなる」
>
> フランク・デ・ヨング
> （2012 年）

この成長は、ベストセラーになった自転車のスタイルが理由だろう。ドイツで「ホラントラート（オランダ自転車）」とよばれていたモデルだ。1919 年にはすでに、オランダ自転車は直立姿勢の乗車ポジションや頑丈なフレームや部品、大容量の荷物カゴ、泥よけといった特徴をもつ実用的な移動手段として日常生活に定着していた。

つぎにオランダの自転車利用にはずみがついたのは、自動車に激しい反発が起こったときだ。ただでさえ混みあうオランダの道路が無数の車に浸食され、駐車場に必要以上の土地が奪われるのではと、人々は危惧した。幸いなことに街路整備課は、自転車の権利が侵害されることは許さない姿勢で、1920 年代には、新築の家はすべて自転車置き場を確保しなければならないとの新たな法規も設けられた。この規制は共同住宅も例外ではなかった。

大勢の人が使う理想的な移動手段という完璧なイメージの裏には、それを支える厳しい規制がありそうだ。実際オランダでは、ライトやベル、列車もちこみ時、自転車専用レーン使用時などにかんする規則が法律で厳格に決められている。たとえば列車に自転車を乗せる際は高額な料金がかかる。乗り手の運賃にくわえて別のチケットが必要なので、余暇でひんぱんに使うとかなりの出費だ。自転車利用者の死亡事故は多くの場合車との衝突が原因だが、オランダでは年間 100 万人に 49 人という少なさで、ヨーロッパでも最高の交通安全性を保っている。もっとも、オランダ全土が 1 日 12 時間交通渋滞しているためだとする向きもある。

オランダの人々が自転車に夢中なのは偶然ではない。生まれてすぐにこれほど強い自転車文化に親しめる国は、ほかにないからだ。オランダのこどもたちは歩けるようになると、まず自転車の乗り方を学ぶ。通学も自転車で、最初は両親がつきそうが、やがてひとりでかようようになる。9 歳になると、自転車習熟試験を受けて修了証書をもらう。ティーンエイジャーは自転車でデートに出かけるが、それは 18 歳になるまで自動車の免許がとれないからでもある。仕事につくと、大半の人は自転車で職場へ向かう。高給とりのビジネスマンも公務員も、年齢をとわずみな自転車通勤だ。オランダ警察は自転車でパトロールし、どの年代にとっても自転車休暇があたりまえである。自転車のためにデザインされたような地形をもつ国は、ほかに例を見ない。オランダは、かつて国土の一部が北海の海面下だったので、国土のほとんどが平地なのだ。例外はかなり南に位置するリンブルフ州の低くつらなる丘陵地帯くらいである。

オランダ政府は長年にわたり、自転車の利用促進のためにあらゆる手段を講じてきた。法律も道路システムも自転車優先で、国のインフラはサイクリング用に整備された。国中に 2 万 9000 キロ以上の自転車専用道路網が張りめぐらされ、自転車専用の橋やトンネルも数百カ所に存在し、多くの川や運河では自転車用フェリーが運航されている。都市部の

ほとんどの道路には自転車専用レーンがあり、ほぼすべての交差点に自転車専用信号機も設置されている。赤、黄、緑のライトがつくと、自転車の形が現れるのだ。このように自転車用にインフラが整備されたので、自転車はオランダ社会に欠かせない本格的な移動手段になった。とはいえ、自転車専用レーンの安全性にはしばしば疑問符がついてきた。さまざまな見解があるが、解決策が議論され、その結果、事故の大半が起こる交差点が自転車レーンの存在でより複雑になるので、自転車レーンは逆効果との研究結果が示された。

　これほど熱心に自転車用の環境を整えてきたオランダでも、毎日500万人もの人が自転車で通勤すれば、いずれ受け入れる余地がなくなるに違いない。市議会の統計によると、アムステルダムだけで49万人の勝手気ままなサイクリストが毎日200万キロという信じがたい距離を走っているそうだ。その結果、アムステルダム駅やユトレヒト中央駅などの主要駅近辺では何万台もの自転車が規則にのっとって、あるいは規則を破って公共の場を陣どり、歩行者の邪魔になっている。一方サイクリストは、どこに自分の自転車を停めたか思い出すのに苦労しているのだ。

１人あたりの自転車数が世界のどの国よりも多いオランダは、自転車の国である。

多層階の駐輪場

　世界中の都市が駐輪場問題を抱えるが、オランダではかなり解決された。オランダ中の鉄道駅に35万台分の駐輪場があるからだ。なかでも最大規模なのがアムステルダム中央駅で、そこの駐輪場は巨大な3階建てだ。世界初の自転車保管所と称され、現在は最大3000台を収容できる。付近にはほかにも多くの駐輪場エリアがあり、トータル1万台以上が駐輪可能だ。アムステルダム市内のほかの駅をくわえると、1日で約3万台がアムステルダム中心部で停められる計算だ。地方都市も例外ではない。大学のあるオランダ中心部のユトレヒトは、2万台分の駐輪場がある。車の運転手にとってはまったく状況が異なり、駐車場はわずかで駐車料金も高い。実際アムステルダムの駐車料金は、世界一高額である。

46：マドセン
カーゴ自転車

　モダンなカーゴ自転車の代表が、アメリカで設計されたマドセンだ。開発者のジャレド・マドセンは、「荷物を後ろに積む第1号の試作品ができたとたん、前に荷物を置く自転車の問題を克服できた」と語った。新しい設計の自転車は、一般的な自転車と同じように乗れるうえに、荒い路面でもハンドルさばきが楽だった。乗り手には背後の荷物や乗客が見えないが、コントロールは抜群で、縁石をのりこえることも、階段を下りることも、深い穴にはまらずに抜けることもできる。

製作年：2008年

製作者：
マドセン

製作地：
ソルトレイクシティ

　マドセンは、仕事やプライベートで個人が移動するだけではなく、重たい荷物やこどもを乗せて運ぶという、自転車の成長トレンドを生んだ。たとえば最新式マドセンは、最大4人のこどもを乗せることができ（とりはずし可能なベンチシートと2本のシートベルトのついたバケットを使用）、最大積載量は272キロである。ジャレド・マドセンが会社を設立したのは、現代社会で自転車が果たす役割はまだまだあると考えたためだ。2年間オランダですごしたマドセンにとって、自転車は週末の余暇用ではなく日常的な道具だったのだ。実際自転車が誕生した当初は、人や荷物の運搬も数ある目的のひとつだったのである。

バケットをのせたらできあがり。マドセンをはじめとする現代的なカーゴ自転車は人気が急上昇している。

初期のカーゴ自転車

　自転車が発明されて以来、人々は移動以外の実用的な使い方を模索してきた。自転車がはじめて荷物の運搬に利用されたのは1881年のイギリスだった。ベロシペードを改良したベイリス・アンド・トマスのトライシクルもそのひとつで、都市部の郵便局で手紙や小包配達に利用された。ベイリスは、自転車よりもトライシクルのほうが荷物運搬に適していることを証明したわけだが、理由は明らかで、3輪のほうが2輪より安定感があるためだ。停車の際は、キックスタンドも複雑な停車システムもいらない。そのため、のちにダイヤモンド・フレームが確立すると、大半のメーカーはブランドラインに基本的な運搬用モデルを入れるようになった。ただし、色は黒1色の展開だった。

　ベイリス・アンド・トマスがトライシクル製造を開始したとき、当時のイギリスの自転車産業の中心地コヴェントリーでは、すでにトライシクルによる郵便ルートが2本運用されていた。イギリス中の郵便局と契約できれば売り上げ増は確実なので、カーゴ自転車設計が盛んになった。こうした新型自転車のなかには、既存のトライシクルの積載量を増やすために車輪をくわえ、3輪から4輪になったものもあった。

　10年とたたないうちに、カーゴトライシクルはデザインがあらためられ、大きなバスケットやコンテナが前部ではなく2つの後輪のあいだにとりつけられるようになる。その利便性にいちはやく気づいたのは商店主だったので、カーゴトライシクルには「ブッチャーズバイク（肉屋の自転車）」とあだ名がついた。ちなみにドイツでは「パン屋の自転車」とよばれたようだ。イギリスのカーゴトライシクルがおもに商店主に使われていたため、バイシクル・ワールド紙は「国中のさまざまな商売の人が自転車を使っている。（中略）彼らは渋滞するロンドンのどこにでもいる」と述べた。その後は特殊な職業の人々が使いはじめた。たとえばクアドラント・サイクル・カンパニーが製造したカーゴトライシクルは、撮影旅行に出る写真家専用に改造され、重たいカメラや三脚などの機材を積むことができた。

> 「国中のさまざまな商売の人が自転車を使っている。（中略）彼らは渋滞するロンドンのどこにでもいる」
>
> バイシクル・ワールド
> （1885年）

「理想的(アイディアル)」な解決策？

　1882年にイギリスのホーシャムの設計家によってつくられた「アイディアル」は、革新的カーゴ自転車だった。大きな駆動輪が真ん中にあり、それを小さな4つの補助輪がとり囲んでいる。とても独創的な姿で、まるで補助輪付きのハイホイーラーのようだった。イギリスに続いてほかのヨーロッパの国々でもカーゴトライシクルを試用しはじめた。オーストリアの郵便サービスは、1888年にカーゴトライシクルを使いはじめている。

自転車で郵便配達

　なかでも郵便配達は、カーゴ自転車市場がもっとも力を入れた分野だった。イギリスの郵便配達では、初期の実験段階が終わると、奇抜な計画が提案された。1週間にかぎり、配達用に個人の自転車の使用を許可するというのだ。だが当時のごく平均的な労働者である郵便配達人が自分の自転車をもっているはずもなく、この計画は破棄され、配達用自転車もなかなか増えなかった。1895年になっても67台しか使われていなかったが、翌年、イギリス郵政省はトライシクルの使用をやめ、安全型自転車の新車を100台オーダーし、電報係の少年に使わせた。これでカーゴ自転車の需要が伸び、世紀の変わり目には多くの自転車メーカーがあらゆる職業に対応する配達用自転車やトライシクルを製造していた。

　カーゴ自転車のつぎなるブームは、1904年に起こった。イギリスの個々の郵便局がそれぞれの裁量で、配達に必要と思われる数の自転車を購入することが許可されたのだ。市場にはさまざまな車種や部品があふれていたので混乱も生じたが、1929年、スタンダード郵便自転車が国中に導入されて問題は解決した。こうして郵便自転車は急激に増え、1935年までにその数は2万台にのぼった。同時に、1年間の総移動距離は1億9300万キロに達した。1953年の記録によると、郵便局用自転車の仕様が長年にわたって変化し、26インチホイールや女性向けのフレーム、低い乗車位置のモデルが採用された結果、配達人が乗り降りしやすくなったことがわかる。

　イギリスで早くからカーゴ自転車を製造して成功した企業のひとつが、パシュレイだ。1930年代、パシュレイは自社製品用のほぼすべての部品をみずから製造していた。外注したのはチューブ類とラグだけだった。フレーム組み立て、ブレーキやホイールの製造、鈑金加工、研磨、エナメル塗装はすべて自社工場で進められた。自転車の売り上げがよかったので、モーター付き運搬用トライシクルやアイスクリームカート、鉄道用台車、牛乳や配膳業者用のスペシャルカーゴなどに、商品ラインを広げた。

　1970年代後半には、パシュレイはすでに郵便配達自転車を供給していた。最初に指定されたのは、単速のロッドブレーキ・タイプだった。最終的にこの自転車を提供するメーカーはパシュレイだけになった。事実上の市場独占である。郵政公社（Royal Mail）の自転車を決める国際的なコンペが開催されてその地位は脅かされたかに見えたが、パシュレイ

手紙や小包配達には、昔からカーゴ自転車が使われてきた。

は新モデル、フロントでコンペにのぞみ、低いフレームで乗りやすいとの理由で採用された。

近年はEメールやオンラインショッピングの登場により、通信販売の買い物にも変化が生じたため、郵便配達も手紙より商品や荷物の扱いが増えている。この新たな状況を受けて、オランダやデンマークをはじめとするヨーロッパの伝統的な自転車王国では、郵便配達自転車やトライシクルに荷車をつけたり、台数を増やしたりして対処している。

赤ちゃんを乗せて

20世紀のあいだ、カーゴ自転車はおもに郵便配達用だったが、用途はそれだけにとどまらなかった。こどもの送り迎えという、まったく異なる使い道が伸びているのだ。1891年、イギリスの自転車設計者、ダン・アルボーンがこのアイディアを思いついた。彼は枝編みのこども用バスケットをつくり、安全型自転車の前輪にとりつけた。安全型自転車自体、その6年前に発明されたばかりだった。現在は、自転車がこどもの運搬に使われているのはおもにオランダとデンマークで、父親や母親がこども2人を前方のキャリーに乗せてベルトをしめ、学校へ送迎する姿がよくみられる。トライシクルの後部のキャリーボックスに食料品を入れて店から帰ってくる年配の女性も大勢いる。ガソリンが高騰し車で近場へ出かけるのがはばかられる時代、買い物にカーゴ自転車を利用するのは理にかなっているようだ。大半のカーゴ自転車は、4人家族の2週間の食料品が積めるといわれている。

家族で買い物へ行くにも、こどもを学校へ迎えに行くにもぴったり。

世界的現象

　カーゴ自転車の利用は、ヨーロッパやアメリカだけにとどまらなかった。1910年、横浜のアメリカ副領事が「自転車は日本中でよく使われている」と報告したが、その多くは輸入ではなく日本国内で製造されていた。中国でも用途に応じて改造されたカーゴ自転車が、安価な運搬手段としてありとあらゆる場面で使われていた。しかしすべてが変わろうとしていた。第2次大戦後、バン型自動車が普及し配達で使われるようになると、質素で安価なカーゴ自転車は工場の作業車やアイスクリーム売りなどの小規模な屋台用に降格される。それでも、カーゴ自転車は世界中で製造され広く使われつづけた。

カーゴ自転車は東洋の町の特徴である。

　その後1980年代のヨーロッパと1990年代のアメリカで、カーゴ自転車は復活する。社会が地球環境に配慮するにつれて、設計者や小規模なメーカーが最新式の洗練されたモデルをたずさえて市場に戻ってきたのだ。そこで登場するのがロングテールとよばれる自転車だ。ホイールベースが非常に長いため、乗り手の後ろの空間に荷物ラックをとりつけることができる。強靱なフレームとホイールのおかげで、重たい荷物も後輪の上や周囲に積むことができ、前方に荷物をのせるタイプのカーゴ自転車が直面したハンドルさばきの問題を解消している。なかでも重要なのは、ホイールベースが長いので安定性が高い点だ。

　いまこそモダンなカーゴ自転車の時代だと感じている人は多い。だが、カーゴ自転車を利用する際は、現代の都市が抱える大気汚染や騒音、交通渋滞などの問題に耐えなければならないのはもちろん、肉体的な危険にもさらされる覚悟が必要だ。近頃は狭い

日常使いのサービス自転車

　アメリカでは、カーゴ自転車もほかのタイプの自転車とともに発明された。1910年、ポープ・マニュファクチャリング・カンパニーはデイリー・サービス自転車を発売した。郵便配達や警察官、消防士、メッセンジャー、道路作業員などのために特別に設計されたモデルだ。

　広告によると「じょうぶで長もちで、毎日使っても壊れない乗り物」がほしいという声にこたえたらしい。この手の乗り物は、イギリスが示しているとおり、都会の郵便配達でもっとも利用されていた。最大規模なのがウェスタン・ユニオンで、年間5000台の自転車を購入し、配達人に安い価格で買いとらせた。社用車を安価で手に入れるまったく新しい方法だ。配達員たちは10歳ほどのこどもで、走行距離に応じて払われる歩合制の給料だった。

通りを走る大型トラックの事故が増えているが、自転車がまきこまれる件数がとくに多いのだ。ロンドンでは、近年の自転車死亡事故の約50パーセントが、大型トラックとの衝突が原因だった。カーゴ自転車が増えるにつれて、そういった事故の危険性も高まるだろう。だが、激化する一方の都市部の渋滞に頭を抱える運送会社にとっては、カーゴ自転車は救世主かもしれない。TNT、フェデックス、DHLといった急送便企業はどこも自転車配達の試験運用をはじめている。

　世界の交通事情や今後の発展が確実なカーゴ自転車をかんがみて、2011年5月、各国政府や産業界の代表者がコペンハーゲンで開いた会合では、ヨーロッパ各都市の物流システムの代替案について意見交換がなされた。将来は自動車を使った運搬から公害の発生しない自転車などの輸送手段への移行を見すえていくべきだろう。この理由で、カーゴ自転車のビジネスは環境に配慮しているだけでなく、荷物を予定どおりに届けられるという強みもあるという点で、各国代表者は合意した。

　それがもっとも顕著に現れているのが、現代の中国だ。人口密度の高い都市部では、何百万台もの自転車やカーゴトライシクルが日常的な移動手段になり、人や物を運んでいる。ゴミ、くだもの、小型バーベキューコンロ、山積みの椅子や干し草等々、荷物はなんであろうと、中国の人々はカーゴ自転車を独創的に使ってビジネスや移動に役立てている。おそらく世界のほかの国々に先駆けて、カーゴ自転車の利点を引き出してきたのだ。

アジアでは3輪人力車が移動用に重宝されている。

47：スペシャライズド・ターマックSL3
未来の勝者

　近年、多くのメーカーが最高のカーボンフレーム製レーシング自転車を製造しようとしのぎを削っているが、アメリカのスペシャライズドが一歩リードしているようだ。同社は長年にわたり、的確な操作性とドラッグレースの加速性の良さで名高いスペシャライズド・ターマック SL3 をはじめとする自転車メーカーとして、ゆるぎない地位を確立してきた。いまやスペシャライズドは世界屈指の自転車ブランドで、トレック・バイシクル・コーポレーションやジャイアント・バイシクルとならび評される。将来的にはさらに多くのレースで勝利すると目されている。この挑戦的なスペシャライズド・ブランドのおかげで、同社の自転車や付属品の売り上げは約5億ドルに押し上げられた。

製作年：2010 年

製作者：
スペシャライズド

製作地：
カリフォルニア

　スペシャライズドは 1974 年、マイク・シンヤードが設立した会社だ。シンヤードはヨーロッパを自転車で旅行した際に、チネリというメーカーのハンドルバーとステムを仕入れ、アメリカへ戻って販売した。当時のアメリカでは手に入らなかった、イタリア製自転車部品の輸入業をはじめたのである。2 年後、シンヤードはみずから自転車部品製造をはじめ、スペシャライズド・ツーリング・タイヤを開発した。ビジネスは順調なスタートを切り、1979 年には初の完成品ロードバイク、アレーを発売するが、製造されたのは日本だった。創業以来会社は成長を続け、世界トップの自転車および部品メーカーになった。スペシャライズドの製品は、

完璧なカーボンファイバー・フレームをめざして。スペシャライズド・ターマック SL3。

ここ30年間でマウンテンバイク・ライドを一部のマニアの趣味から正統派のスポーツに変え、マイク・シンヤードを無名の自転車愛好家から自転車業界の革命児とよばれるまでに変貌させたのである。

　市場の急成長に合わせて、1981年、スペシャライズドはスタンプジャンパーを発表した。世界初の大量生産型マウンテンバイクだ。マウンテンバイクの創始者であるゲイリー・フィッシャーとトム・リッチーのモデルにヒントを得たデザインで、生産は台湾で行った。このモデルは大成功したが、長年にわたりたえず進化し、現在はフルサスペンション・システムを採用している。1980年代初頭にスタンプジャンパーが発表されると、マウンテンバイク・ライドは高レベルな技術をもつエリート・ライダーの特権ではなくなった。だれでも手軽にライフスタイルにとりいれられる、本格スポーツになったのだ。オリジナル・スタンプジャンパーの登場はそれほど意義深かったので、最初のプロトタイプの1台はワシントンDCのスミソニアン博物館の永久所蔵品にくわえられた。

　1980年代、スペシャライズドはカーボンファイバー・フレーム開発に取り組み、エピックを世に出した。世界で2番目の大量生産カーボンファイバー・マウンテンバイクだ。10年後には街乗り用のモデル、グローブを発売した。シンヤードが雇ったコンサルタントからは性能の向上と新製品開発ばかりでなく、販売数を増やすことに集中せよとのアドバイスがあり、成長が見こめる新規市場を開拓する力が同社の強みになった。

スペシャライズドのマウンテンバイク、スタンプジャンパーの精巧な部品。

高山の道を走るスタンプジャンパー。まさにこういう場所を走るために生まれたモデルだ。

47：スペシャライズド・ターマックSL3　　**201**

しかし、1995年のフルフォース・ブランドは、戦略ミスだった。マウンテンバイクの低価格市場をねらった商品で、スポーツ用品店や大型ディスカウント店での販売を想定していたのだが、この手法は大失敗に終わる。シンヤードの言葉を借りると、「在庫管理がまったくできなくなり」、それにつれて品質が急降下したために、玄人はだしの乗り手を遠ざけ、ねらったはずの一般大衆を惹きつけることもできなかったのだ。この動きに既存のスペシャライズド販売店が怒りをあらわにした。同社はフルフォース・ラインの製造を中止し、マイク・シンヤードはすべての販売店に謝罪の手紙を送ったほどだ。フルフォースの失敗は高くついた。1996年末には、スペシャライズド販売店の売り上げが30パーセント落ち、マイク・シンヤードによると「あと数百ドルで破産というところまで行った」そうだ。

それでも会社はもちなおし、2001年、台湾のメリダ・バイクの傘下に入った。その後もクイックステップやサクソバンクといった名門チームのスポンサーになり、レース用自転車として高く評価されている。チーム選手からは製品開発に役立つ貴重なフィードバックも得た。たとえば、ターマックSL2が設計されたとき、2005年の世界選手権で優勝したトム・ボーネンはフレーム剛性を高めるよう求めた。それに対してスペシャライズドは、SL2の重量を100グラム軽くし、なおかつ車体の強度を高

女性用自転車の設計

　スペシャライズドは、レーシング自転車メーカーがあまり提供していない車種を生産するようになった。たとえば女性専用自転車である。調査研究の結果誕生したのが、ターマックの女性用モデル、アミラだ。女性の体格を念頭に設計され、サイズは5種類ある。ちなみに男性用のターマックは6種類だが、どちらもほかのメーカーよりも豊富だ。ジャイアント・バイシクルの経理担当役員にしてライダーのボニー・ツーは、女性専用自転車を設計するメーカーはほかには出てこないだろうと発言した。今後の展開はわからないが、スペシャライズドが他社よりも熱心に女性専用自転車の開発に取り組んでいることは明らかで、ロード・モデル4種と、オフロード・モデルを5種出している。

アミラは女性用モデルとしてデザインされた。

世界中の山を越えて

2004〜2007年のあいだに、スペシャライズド自転車の用途の広さが実証された。イギリスの冒険家、ロブ・リルウォールが、アラニスというニックネームをつけたスペシャライズド・ロックホッパーに乗って5万キロ以上を走破したのだ。シベリア北東部のマガダンから、オーストラリアとアフガニスタンを経由してロンドンへいたるルートだった。ロックホッパーはマイナス40度のロシアのツンドラ地帯を走り、パプアニューギニアの川やジャングルを抜け、チベットの軍検問所を走り抜けた。

めた。実際に乗った選手の要望にこたえた結果、スペシャライズドは従来の路線にとどまらず、のちのモデルはSL3のような剛性のみにこだわる方向からは遠ざかっている。

第1号のマウンテンバイク、スタンプジャンパーにはじまり、究極のロードレース自転車、ルーベにいたるまで、スペシャライズドは自転車メーカーのなかでもきわめて印象的な歴史をもつ。ルーベの名は、スペシャライズドが3連覇した過酷なパリ〜ルーベ・レースにちなんでいる。1990年代後半、同社はイタリアの名選手、マリオ・チポリーニと手を組んだ。レースにかかわりはじめるとすぐに結果が出て、2010年のパリ〜ルーベ・レースではファビアン・カンチェラーラがルーベ・モデルで優勝した。カンチェラーラは2010年の世界タイムトライアルではスペシャライズド・シヴを使っている。2010年のツール・ド・フランスで優勝、準優勝を飾ったアルベルト・コンタドールとアンディ・シュレクは、スペシャライズド・ターマックに乗っていた。世界の名門チームも3チームがスペシャライズドにのりかえている。チーム・アスタナ、サクソバンク、そしてHTCハイロードだ。スペシャライズドの新型レーシング・モデル、ヴェンジは、F1チームのマクラーレンとの共同開発で誕生した。当時HTCハイロードに所属していたトップ選手、マーク・カヴェンディッシュは、2011年のツール・ド・フランスにヴェンジでのぞんだ。

アミラもほかのスペシャライズド製品同様、つねに改良されている。

47：スペシャライズド・ターマックSL3

48：ピナレロ
ウィギンスのマシン

　イギリス人選手がツール・ド・フランスで優勝することは、イギリス人サイクリストにとって永遠にかないそうにない夢だった。だが、なみはずれた才能と固い意志をもつ、奇妙な名前の長身の男が現れて、それは夢ではなくなった。2012年、ブラッドリー・ウィギンスがその夢を現実のものにしたからだ。109年のツール・ド・フランスの歴史上初のイギリス人勝者、ウィギンスが乗っていたのが、ピナレロだった。

製作年：2011年

製作者：
ピナレロ

製作地：
トレヴィーゾ

　その年もシャンゼリゼで終わるツール・ド・フランス最終日、ウィギンスが選んだのは、カスタムペイントのピナレロ65.1だった。だが、そこまでのレースの大半はピナレロ・ドグマ2に乗っていた。65.1のフレームはドグマ2と同じ形状で、ピナレロ特有の非対称デザインになっており、波形のフォークとシート、チェーンステイが特徴だった。おもな違いは、65.1のフレームが65トングレードのHM 1Kという高弾性カーボンファイバーを使用しているため、ドグマ2よりも剛性が高く、反応がよく、なおかつ重量920グラムという軽さを実現している点だった。ウィギンスは完璧主義者なので、このモデルの開発にも深くかかわってきていた。

チームスカイのピナレロは、第一線で活躍するブラッドリー・ウィギンスをはじめとするチームメンバーの参加で生まれた。

それでも3218キロにおよぶレースでウィギンスが信頼したのは、ドグマ2だった。手作りのカーボンファイバー・フレームにくわえ、よじれたようなチェーンステイやオーダーメイドのシートポストといった特徴があった。一匹狼の噂どおり、ウィギンスはいっぷう変わった非円形スプロケットを好んでいた。ペダルの動きを伝えるスプロケットは一般的に円形だが、ウィギンスが用いたのは卵形だったのだ。これにより、足がストローク最頂部に来たときにペダリングの効率が最大化されるとウィギンスは信じていた。同じくウィギンスが選択した斬新な部品は、シマノ電動変速機デュラエースDi2だ。軽量でメンテナンスも楽なモデルで、すべてのギアが電動で楽々と切り替わるため、レース中のギアチェンジのストレスから解放される。

レース用一流ブランド、ピナレロ

ピナレロ家の自転車製造の歴史は古い。1922年、アレサンドロ・ピナレロが小さな工房で自転車をつくり、1925年に名誉あるミラノ・バイシクル・フェアに出展して金メダルを獲得した時代にさかのぼる。1952年、アレサンドロのいとこでプロの自転車選手だったジョヴァンニが引退し、ふたりはトレヴィーゾに工場を開いた。ピナレロは現在もそこに拠点を置いている。しかし、工場設立はジョヴァンニの大きな失望がきっかけだった。彼は1952年のジロ・デ・イタリアをめざしていたが、将来有望な若きイタリア人選手、パスクアーレ・フォルナーラに出場機会を奪われたのだ。ジョヴァンニのチーム・スポンサー、ボテッキアは、10万リラという大金を提示し出場断念をうながした。ジョヴァンニはその金を受けとり、トレヴィーゾの工場に投資したのである。事業は数年で着実に成長した。1975年のジロ・デ・イタリアでは、ジョリー・セラミカ・チームのファウスト・ベルトリオがピナレロで優勝し

1922年創業のピナレロは、現在もファミリービジネスを保っている。

ピナレロ・ドグマ2

ウィギンスが所属するチームスカイは、2011年以来、ツール・ド・フランスでピナレロのドグマ2を使用していた。左右非対称フレームが特徴で、これは車体右側に変速機があるため、車体に最大の力がかかった際を想定してフレームを強く堅めにしたためだ。可能なかぎりの分析と工場でのテストをへて、ピナレロはフレーム左右にかかる力を研究した。新型ドグマのデザインは、この研究結果を反映したチューブの形とカーボンファイバーのレイアップ製法を採用し、フレームにかかる力をコントロールしている。斬新な製造技術で生まれるドグマ2は、非常になめらかなマシンだ。成型過程で、大半のカーボンファイバー・フレームは内側から圧力をかけるためにゴム袋を使うが、ドグマ2の多層カーボンファイバーはポリスチレン型に入れられ外から圧力をくわえる。これでチューブ内面がなめらかになり、フレームの強度が増すのである。

1951年型ピナレロには、カーボンファイバー登場以前の古い技術が使われている。

たため、業績が急伸する。この勝利でピナレロは、レース用自転車の一流メーカーとの評価を得た。1980年代にさらなる飛躍が訪れる。世界有数のレースでピナレロが数々の勝利をおさめ、世界のトップ自転車メーカーの地位をゆるぎないものにしたのだ。1981年のジロ・デ・イタリアとブエルタ・ア・エスパーニャ、1984年ロサンゼルス・オリンピックのロードレースで勝利を飾り、1988年には世界最大の自転車レース、ツール・ド・フランスでペドロ・デルガドがピナレロで優勝している。

1980年、レースで勝利を重ねていた頃、ピナレロはイタリアの家庭用品向けステンレススチール製造の一流メーカー、イノックスプランの支援を受けて事業を拡大した。イノックスプランの資金力で、ジョヴァンニ・バッタリン率いるジョリー・セラミカ・チームは息を吹き返した。ピナレロがプロチームのスポンサーになって以来はじめて、フレーム上でピナレロのロゴとイノックスプランのロゴがならんだ。こうした再編成に助けられ、ジョリー・セラミカは国際大会で勝利をあげはじめ、翌年の1981年はめざましいシーズンになった。ジョヴァンニ・バッタリンはジロ・デ・イタリアとブエルタ・ア・エスパーニャ両レースで勝利をおさめた。厳しい登坂用に超軽量ピナレロ・トレ・チーメを使ったのが勝因だろう。ピナレロの自転車もブエルタ・ア・エスパーニャとジロ・デ・イタリアの勝利を手中にしたのだ。

さらに1984年には、ロサンゼルス・オリンピックの個人ロードレースでアメリカ人選手、アレクシー・グレウォールがピナレロで金メダルをとり、その後スペインのチャンピオン、ミゲル・インドゥラインが所属するバネスト・

「なにもかもがなめらかだ。どんなにスピードをあげてもぐらつかず、バランスの良さはなにものにもおとらない。おかげで自信をもって走ることができる」

チーム選手クリス・フルームのドグマ2に対する言葉
（2011年）

206　図説自転車の歴史

チームがピナレロをチームマシンに選んだ。インドゥラインはピナレロに乗りつづけ、ツールで5回、ジロ・デ・イタリアで2回、オリンピックで1回優勝し、世界タイムトライアルやアワーレコードでも記録を伸ばした。いまやピナレロは成功を約束するブランドになり、多くのプロチームが契約を結んだ。1988〜1991年のデル・トンゴ・チーム、1992〜1995年のメルカトーネ・ウノ・チームなどである。

1993年、ミゲル・インドゥラインはジロ・デ・イタリアとツール・ド・フランス両レースで総合優勝を果たしたが、その鍵となったのは、序盤のタイムトライアル・ステージを制した際の選択、新型カーボンファイバー・タイムトライアル・マシン、ピナレロ・クロノ・インドゥだろう。しかし、レースの平坦コース用に選んだのは、スチール製ラグフレームのピナレロだった。インドゥラインはタイムトライアル・レースでも力を見せつづけ、1995年、このスチール製タイムトライアル・モデルでツール・ド・フランス5連覇と、世界選手権タイムトライアル王者の証であるレインボージャージをものにした。アンドレア・コッリネッリもピナレロのカーボンファイバー・モデルで活躍し、1996年アトランタ・オリンピックの個人追い抜きと、マンチェスターの団体追い抜き世界選手権でそれぞれ優勝を飾った。この直後にUCIは「スーパーマン・ポジション」という乗り方を禁止した。1997年、ヤン・ウルリヒがツール・ド・フランス個人総合優勝を飾ったことで、ピナレロのマシンがツール6連覇を果たし、ふたたび脚光を浴びた。その後ウルリヒは2000年のシドニー・オリンピックのロードレースで金メダルを獲得している。

この栄光の歴史を考えると、チームスカイがピナレロの新型ドグマ2を2011年のツールのマシンに選んだのもうなずける。

革新的な美しさ。1993年のタイムトライアルでミゲル・インドゥラインが使用したクロノ・インドゥのカーボンファイバー・マシン。

48：ピナレロ　207

ウィギンスの勝利への道

　ドグマ2に乗ったブラッドリー・ウィギンスは無敵だと証明されることになるが、ウィギンス自身はドグマ2よりも険しい道を歩んできた。1980年4月、ベルギーのヘントでオーストラリア人プロ自転車選手の家庭に生まれたが、ブラッドリーが2歳のときに父親が家を出たため、苦しいこども時代をすごした。ウィギンスが父親から受けついだ才能を開花させたのは、1998年、キューバで開催されたジュニア世界選手権で個人追い抜きのタイトルを18歳にして獲得したときだ。同じ年、クアラルンプールのコモンウェルス・ゲームズではイングランド代表に選ばれた。
　ウィギンスは着実にキャリアを重ね、2008年北京オリンピックの4000メートル個人追い抜きで金メダルをとった。その後はトラック競技から離れてロードレースに集中した。最初はタイムトライアル専門家とみなされたが、総合力を高め、2009年のツール・ド・フランスでは総合4位の座についた。2年後には第6ステージまで完璧な走りを見せ、トップからわずか10秒遅れの総合6位につけていたが落車し、鎖骨骨折で棄権を余儀なくされる。その日区間優勝を果たしたチームメイトのマーク・カヴェンディッシュは、こう述べた。「ウィギンスは残念なことをした。かつてない最高の状態だったのに」。ウィギンスの時代はこれからだったのだ。
　2012年のシーズン幕開けは、パリ〜ニース・レースのオープニングとなるタイムトライアルで2位に入った。翌日のレースは、トップの座につくとゴールまでゆずら

疾走する人とマシン。チームスカイのピナレロにまたがる意志の人、ブラッドリー・ウィギンス。

ジェントルマン

　2012年、ツール・ド・フランス後半戦で、ウィギンスの異端児の一面がかいま見える出来事があった。第14ステージ、ペゲール峠頂上の狭い道で、観客が鋲をばらまいた。多くの選手のタイヤがパンクし、前年優勝者のカデル・エヴァンズも修理で2分のタイムロスを喫した。ウィギンスとチームスカイのメンバーは難をのがれたが、このような嫌がらせでレースが混乱させられるのが許せなかったウィギンスは、仲裁に入った。チームメイトと残りの選手を説得し、エヴァンズらパンクにみまわれた選手が追いつくまでスピードを落とそうと提案したのだ。こうしてステージの残りを集団で減速走行したため、全体順位の変化はほとんどなかった。この心の広いスポーツマンらしい態度から、ウィギンスは「ジェントルマン」とよばれるようになった。

ず、1967年の故トミー・シンプソン以来となるイギリス人選手の優勝となった。その後4月のツール・ド・ロマンディでは最終ステージのタイムトライアルで勝利し、チェーンのゆるみをものともせずに総合優勝を飾り、65年のレースの歴史上初のイギリス人優勝者となった。これはつぎなる勝利の前触れだった。

2012年のツール・ド・フランスでは、ウィギンスとチームスカイは一貫して優位を保ち、ウィギンスは第19ステージのタイムトライアルを制した。3分21秒のリードで最終ステージを迎えると、チームメイトのマーク・カヴェンディッシュの最終ステージ4連覇を助け、自身も個人総合優勝を果たした。この勝利で、ブラッドリー・ウィギンスは、パリ～ニース・レースとツール・ド・ロマンディ、クリテリウム・デュ・ドフィネ、そしてツール・ド・フランスを1シーズンで制した史上初にして唯一の選手になった。

しかもまだシーズンは終わっていなかった。2012年ロンドン・オリンピックで、ウィギンスはピナレロでタイムトライアルに出場し、金メダルを獲得した。これが7つめのオリンピック・メダルで、イギリス史上もっともメダル獲得数の多い選手になった。そのうち4つは金メダルである。この偉業で、ブラッドリー・ウィギンスはギネス世界記録を打ち立てた。オリンピック優勝とツール・ド・フランス優勝を同じ年に達成したのは、ウィギンスだけだ。ウィギンスの少年時代のあこがれ、ミゲル・インドゥラインもオリンピックで金メダルは獲得したが、その年のツール優勝は逃している。

歴史的勝利をおさめたツール・ド・フランスで、前傾姿勢でタイムトライアル・ステージにのぞむウィギンス。

48：ピナレロ

49：リビー

電動自転車

　電気を用いる自転車は、ボストンのアメリカ人、ホセア・W・リビーが製造したと広く考えられている。リビーはダブル・エレクトリック・モーターと名づけた装置で動く電動自転車を発明した。ハブモーターにそっくりのこの装置が、約10年前まで電動自転車の駆動システムの主流だった。2年とたたずに、リビーは「クランク軸のハブ内部にモーターがとりつけられているもの」に特許を申請した。現在使用されている「ミッドドライブ」や「クランクドライブ」にきわめてよく似た仕組みである。

製作年：1897年

製作者：
　リビー

製作地：
　ボストン

　リビーの設計は、鉛蓄電池をサドルの下に置き、ハブ内蔵モーターがツイン・プッシュロッド・システムを介して後輪軸に動力を伝える仕組みだった。自転車には2つのモーターと2つのバッテリーを搭載し、ホイールも前後輪の2つだった。平坦な道で作動するバッテリーは1つ、坂道では2つめのバッテリーも作動した。これはおそらく、史上初の電動自転車コントローラだろう。前途有望な発明であり、基本設計は1世紀後の1990年代、ジャイアント・ラフリー電動自転車に継承された。

電動アシストの研究

　自転車の誕生以来、発明家はなんらかの補助動力を開発しようと苦心してきた。当時は蒸気エンジンが唯一の動力だったが、よほど重量のある自転車以外に搭載することは不可能だった。蒸気エンジンを積むためには、自転車自体をさらに大きくしなければならない。一般的に初の動力付き自転車と考えられているのは、1868年にフランスで製造されたミショー・ペロー蒸気ベロシペードだ。ピエール・ミショーのスチールフレームのペダル自転車に、ルイ・ギョーム式の小型の市販蒸気エンジンをとりつけたものだった。電動アシスト自転車よりも、初期のバイクに近いだろう。

　1年後、アメリカでローパー蒸気ベロシペードというライバルが生まれるが、ミショー・ペロー式同様、商業的には成功しなかった。1890年代に

1898年のリビー電動自転車のオリジナル設計図。

ガソリン内燃式エンジンが登場すると、ようやく実用的な解決策が近づいた。エンジン付き自転車第1号は、1892年につくられたフランスのミレー・モーターサイクルだ。自転車のようにペダルがあり、後輪の固定クランク軸に星形エンジンがとりつけられていた。その後1896年、ニューヨーク州バッファローのE・R・トマスが自転車向けのガソリンエンジン・キットを販売しはじめ、のちにオートバイの名前で知られるモーター付き自転車を発売した。これはアメリカ初のモーター付き自転車とみなされている。

その翌年、ホセア・W・リビーがダブル・エレクトリック・モーター自転車を世に出すと、ふたたび電動自転車に関心が集まった。開発は続き、1898年、マシュー・J・ステフェンズがホイールの外周沿いにドライブベルトをとりつけた後輪駆動の電動自転車で特許を取得した。その1年後には、ジョン・シュネップが電動自転車の動力として後輪摩擦を用いる技術で特許申請した。シュネップのこの技術は、未来にふたたび姿を現すことになる。1969年にG・A・ウッド・ジュニアが開発した装置は、シュネップにヒントを得て、4つの分数馬力モーターと一連のギアをつないでいた。

ただし、実用的な電動自転車が開発されるまでは、ほぼ1世紀かかった。バッテリー技術が発達すると、ようやく十分な動力を搭載できるようになり、かなりの駆動力やスピードが得られるようになったのだ。1990年代末にはトルクセンサと動力制御技術が開発され、また一歩前進した。さらに洗練された試作品が登場しはじめ、1992年にはヴェクター・サービスのザイクが世に出される。ニッカド電池をフレーム部材に組みこみ、850グラムの永久磁石モーターを搭載した電動自転車だ。しばらくのあいだ、ザイクは実用的で手近な電動自転車の1つだった。

売り上げを伸ばすためには、軽量でよりパワーのある電池の開発が鍵だった。安価な電動自転車は、いまだに重たい大型の鉛蓄電池を使用していたが、新たな技術が手のとどくところまで来ていた。ニッケル水素充電池、ニッケルカドミウム蓄電池、リチウムイオン電池などの新型バッテリーの誕生だ。これらは軽く、電池容量が大きいので、スピードも走行距離も飛躍的に伸びた。これで電動自転車への関心が高まり、1993～2004年にかけて販売台数が劇的に上昇し、約35パーセントの伸び率を記録した。

電動自転車の駆動力は、バッテリーの性能しだいだ。

フル電動か、電動アシストか

2001年には、電動自転車のよび名はEバイク、パワーバイク、アシスト自転車、パワーアシスト自転車などが一般的になった。同時に、最高時速80キロメートルという、より強力なモデルは、電動バイクやEモーターバイクとよばれはじめている。

現在、電動自転車には2種類ある。ペダルをこがなくても電動走行ができるフル電動自転車と、ペダルをこぐとモーターが動く電動アシスト自転車だ。フル電動式はスロットルレバーでモーターが作動する。登坂が楽で、長距離移動には理想的だ。疲れたときは電動パワーが乗り手に代わってペダリングしてくれる。

もう一方のおもなタイプは電動アシスト自転車だ。これは常時乗り手の作業負荷をほぼ半減するので、乗り手は同じ労力で2倍の距離を進むことができる。このタイプは、とくに街のなかで走る際は便利。セカンドカーとしても、混雑するバスや地下鉄の代わりにも使える。運動が必要なときは、体力増進の助けにもなる。「ペデレック」というタイプは、乗り手がペダルをこぐときだけ作動するトルクセンサとスピードセンサ、パワーコントローラーが搭載されている。

明るい未来

電動自転車は西欧の都市部で徐々に人気が出てきたが、もっとも根づいたのは中国だ。中国では車の5倍の電動自転車が走り、いまや世界トップクラスの電動自転車生産国でもある。毎年中国では1800万台の電動自転車が製造販売され、中国で使われている2輪車の25パーセント以上が電動自転車だ。2020年までに年間7500万台の生産達成を目標にしているが、それは中国の人口の約3分の1が通勤や移動に電動自転車を使える数だ。中国の電動自転車の大半は、200ワットという低出力で、再利用可能な鉛蓄電池を使用している。平均価格は2400元（400ドル以下）で、中国の平均的な月収相当だ。実用的で、時速20キロで走る。多くは家から仕事場の往復に使われ、1回の充電で1日平均50キロ移動する。1日につき1億5000万時間が節約できるというふれこみだ。対照的に、アメリカの電動自転車市場は82パーセントが余暇用なので、使用頻度が低い場合は年間走行距離が1000マイル（約1600キロ）にも満たない。ちなみに自動車は年間1万2000マイル（1万9300キロ）に達している。中国経済における電動自転車の重要性がよくわかる比較だ。今後は新興国も中国の例にならうだろう。電動自転車市場の潜在的可能性ははかりしれない。世界の市場トップ5は中国、インド、インドネシア、ブラジル、ベトナムで、30億人の人々が日々の移動用に低価格で環境に配慮した乗り物を求めているのだ。今後ソーラー電池が鉛蓄電池やリチウム電池にとって代わるにつれて、電動自転車の世界的需要が

電動自転車の充電ポイントは、世界中の街で増えつつある。

さらに伸びることも考えられる。とはいえリチウム電池はここ数年で70パーセントの軽量化と容量の倍増に成功した。充電技術も進歩し、再充電時間は従来の半分ほどになった。バッテリー寿命は、距離あたりのコストに直結する重要な原価要素だが、3年前の3倍に伸びている。

こうして見ると、電動自転車の未来は非常に明るいようだ。2010年、世界で生産された化石燃料で走るオートバイは6000万台、電動およびハイブリッド自転車は3200万台だ。年間平均成長率が20パーセント近いので、2015年までに電動自転車はオートバイとの差を埋め、どちらも年間生産台数7000万台に達するだろう。

毎年、世界の展示会にはスマートで前衛的な電動自転車が登場する。

なめらかな乗り心地

現在、電動自転車は都市部以外でも力を発揮しようとしている。凹凸の多い岩だらけの地形も、もはやサイクリストや年配者の敵ではない。インテリジェント衝撃吸収システムにより、完全コンピュータ制御の新型サスペンションが実現したのだ。後輪サスペンションが、フロントフォークの衝撃を感知するモーションセンサと連動している。また、自動トランスミッションがペダルのスピードに反応して自動的にシフトチェンジする。アメリカのフォールブルック・テクノロジー社の無段変速トランスミッションは、動きが非常になめらかで、いつシフトチェンジしたかわからないほどだ。エレクトロニクス技術の進歩により、インテグレーテッド・イモビライザーのような便利な装置も生まれた。スマートフォンによって持ち主を認識する仕組みだ。自転車のロックもセミオートマティックで、操作は車のキー・リモコンに似ている。電子キーが車体をロックし、エレクトリックモーター内の磁場を変更することで盗難被害を防いでいる。

50：四角いホイール？
未来のデザイン

18世紀後半から、自転車製造はつねに最新技術をとりいれ、ペダルやギアを発明してきた。進化は現在も続いているが、カーボンファイバーなどの新素材の開発でほぼ無限の可能性が広がり、さらに心躍る未来が見えてきた。自転車は新たな領域へ向かっているのだ。

製作年：1997年

製作者：
ブリッジ

製作地：
シェフィールド

かつて四角形のホイールの自転車を思い描いた人がいただろうか。あまりに突飛なコンセプトなので、想像の域を超えているのではないだろうか。だが、フィル・ブリッジが生んだのは、まさにそれだった。彼がつくった低価格で環境に優しい自転車は、実際に四角形のホイールをはき、直線を走らせているかぎりは驚くほど性能がよく、平坦な道なら一定の速さで走ることができるのだ。

未来の折りたたみ自転車

四角形ホイール自転車が受け入れがたいというなら、別の斬新な街乗り用自転車を紹介しよう。円形折りたたみ自転車、ヨセフ・カデクの「ローカスト（バッタ）」だ。折りたたむと中央の円い部分にシートもハンドルもおさまり、列車やバスにもちこむには理想的な形になる。小型の形状は、とくに現代のように余分なスペースが貴重な時代にはぴったりだ。未来の街乗り自転車のデザインにとって、小型化が重要な鍵になることはまちがいない。中国人デザイナー、チャン・ティン・イェンが考案したバックパック自転車は、もっとも急進的な提案といえる。製品モデルは重さ5.4キログラムで、リュック型に折りたたむことができ、長さは60センチ以下におさまる。とても小さいので、もちあげるのも肩にかけるのも、そのままバスや列車に乗るのも簡単で、階段の上り下りやエスカレーターでも邪魔にならない。

ほかにも、折りたたみ自転車のような比較的新しいモデルの現代版が生まれている。しなやかで折りたためる街乗り自転車を求める声が高まったので、デザイナーたちは折りたたみ自転車で名高いモールトンやビッカートン

むちゃくちゃ？ それとも未来の自転車？ ついに四角いホイールまで考えられた。

ローカスト（バッタ）。折りたたむと散水ホースのようだ。

の製品を検証し、改良点を模索してきた。もっとも極端な発明は、イロン・ヤンの「ローテーション」だ。革命的な街乗り自転車といえるだろう。ローテーションは完全に乗り手の体格に合わせてハンドルとサドルの位置を決めることができ、前輪と後輪の位置も変えられる。ローテーションが個性的なのは、2種類の乗り物が1つになっている点だ。自転車としても、1輪車としても乗ることができ、どちらでも使用後に折りたたむことができるのだ。

自由な駆動力

長い時間をかけて確立された自転車の基本メカニズムも見なおしが進められた。ペダル駆動も例外ではない。たとえば、ボディ・ライトの「ハイパー・バイク」は、駆動力を足だけに頼らず、体全体を山登りや水泳でもしているかのように動かしてマシンを前進させる。まるで一輪車に乗っているかのような奇妙な動きだ。乗り手は体をねじり、腹筋や背筋を駆使して、足でフットペダルを踏み、その動きに合わせて交互に腕を上下に伸ばす。この一連の動きと同時にペダルを強く踏みこまなければならないので、操縦はかなりむずかしそうだ。車輪は直径2.4メートルと巨大なので進むだけでも場所をとり、乗り手はストラップで中心部に固定される。最高時速80キロも出るそうなので、これで道路に出るのは危険だ。全体的なメカニズムは、レオナルド・ダ・ヴィンチが落書きしたスケッチのように見えなくもない。

アイルランドのマイケル・キリアンも従来の駆動力を使わない自転車を考案した。世界が必要としているのは横乗り自転車だと考えたキリアンは、スノーボードと同じように体を動かす自転車を考案した。2輪は別個に舵とりができ、横向きに移動する。このハンドル操作がスノーボー

横乗り自転車は、見た目も不思議な実験的な自転車だ。

ドのような独特な動きを生む。移動手段というより娯楽用で、7歳以上のこどもにぴったりだ。奇妙だが、目を引く自転車ではある。

いつでもどこでも

　もっと実用的なデザインが、キャノンデールCERVだ。継続的エルゴノミクス・レース・ビークル（Continuously Ergonomic Race Vehicle）を意味し、さまざまに変化する路面コンディションを克服してスピードを追求する乗り手を想定している。状況に応じて、シートやハンドルをすばやく変化させられるのが特徴だ。車体本体はつねに一定なので安定性と安全性は確保されるが、シートは可動式で低重心にすることができる。トップチューブは伸縮可能で、上り坂や下り坂、急カーブでのパフォーマンスを最大限に引きだす。ほかにも、カーブでは前輪が内側に傾き、急カーブでの動きを助ける。また、後輪のディスクブレーキ・ローターがスピードをコントロールし、あらゆる状況で確実に停車する。フルフレームのサスペンション、そして事実上メンテナンス不要の密閉式車体とドライブトレイン、プッシュボタン式変速機を搭載している。

　GT メレニオ QR は、用途の広い自転車で、混雑する都会の道や郊外の道を走るためにデザインされた。クイックリリースのフォークエンド・デザインとヘッドチューブに搭載された電子部品が特徴だ。これでこのマシンはほんの数分で人力の通勤自転車から、食料品買い出しに使える電動カーゴ自転車へと変身するのだ。ほぼ瞬時に、電動ギアシフターが電動スロットルになり、左ブレーキレバーがディスクからフロントおよびリアの内装ハブドラムブレーキになる。このほかにも、フロントフォークとホイールが荷物をのせるカートの下に収納できるのも斬新だ。高速でも最大限の力を出し、かつ安全性を確保するために、前輪も駆動する。電子タッチパネル式ダッシュボードにはナビゲーションやバッテリー残量が表示される。オートバイのようなスタイルで、最大のロックチェーンが十分収納できる耐水性のシート下収納もあるので、こ

基本に戻る

　カーボンフレームが洗練されるにつれて、デザイナーのなかには伝統的な基本の素材に立ち返る者もいた。たとえば、大嶋洋二郎の木製自転車だ。ほぼすべて、車輪もハンドルもサドルも、木でできている。この自転車はビームフレームと従来型フレームの利点をあわせもち、短いカンチレバー式シートビームが衝撃を最小化し、同時にシートステイとチェーンステイは従来どおりの剛性を保っている。機械的に信頼できるうえに、見た目にも美しい。木製ハンドルと一体化したアームレスト、スポークとリムのあいだに弧を描くような木製バトンスポーク・ホイールで、乗り心地も柔らかだ。

都会の自転車
（アーバン・ヴェロ）

　自転車デザインの未来は、都会のサイクリストのニーズにこたえることが最重要課題になるだろう。街で自転車を利用する人の数は増える一方だ。その需要にこたえ、ニューヨークはここ10年間で自転車専用レーンを555キロ延伸し、今後745キロのレーンと6000台分の駐輪ラックを追加する方針だ。オレゴン州ポートランドは、アメリカでもっとも広範囲に自転車用インフラを整備している都市で、1990年以来自転車の使用量が6倍になった。現在、街の人口の18パーセントが自転車を第1の移動手段として、あるいは補助手段として使っている。こうした変化に、自転車の歴史にその名をきざんできた一流メーカーが大きな役割を果たすのは喜ばしいことだ。

　そのメーカーとは、シュウィンである。ドイツからアメリカへの移民が1891年に設立したシュウィンは、19〜20世紀にかけて多くのアイコン的モデルを製造してきた。近年、未来の市場に向けた新たなモデルを開発した。アーバン・ヴェロだ。ごくふつうの大きさだが、折りたたむと数秒でもち運び可能なほど小さくなる。大半の折りたたみ式との違いは、姿がとても上品な点だ。それは創業から120年あまりたった現在もシュウィンが存続し、過去にあぐらをかくことなく前進していることを物語っている。

の自転車は未来の理想的な通勤マシンになるだろう。従来型の自転車と電動自転車の結合が、未来の道を示しているのだ。

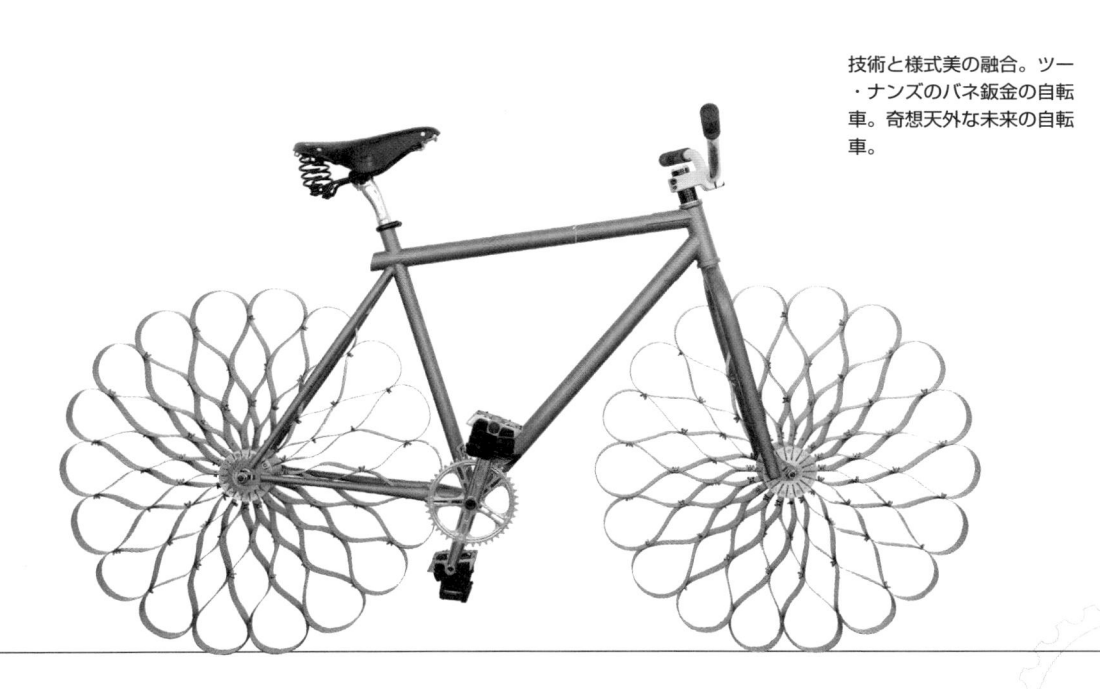

技術と様式美の融合。ツー・ナンズのバネ鈑金の自転車。奇想天外な未来の自転車。

50：四角いホイール？

参考文献

Abt, Samuel, Greg *Le Mond: The Incredible Comeback*, Random House, 1990, USA.

Abt, Samuel, *Season in Turmoil: Lance Armstrong Replaces Greg Le Mond as US. Cycling's Superstar*, VeloPress, 1995, USA.

Ballantine, Richard, *Richard's 21st Century Bicycle Book*, Overlook Press, 2001, USA.

Bathurst, Bella, *The Bicycle Book*, HarperPress, 2012, UK.

Beeley, Serena. *A History of Bicycles: From Hobby Horse to Mountain Bike*, Studio Editions, 1992. USA.

Bell, Trudy, *The Essential Bicycle Commuter*, McGraw-Hill, 1998, USA.

Berto, Frank, *The Dancing Chain: History and Development of the Derailleur Bicycle*, Van Der Plas Publications, 2012, USA.

Berto, Frank, *The Birth of Dirt: Origins of Mountain Biking*, Van Der Plas Publications, 2012, USA.

Bobet, Jean, *Tomorrow We Ride*, Mousehold Press, 2008. UK.

Buzzati, Dino, *The Giro d'Italia: Coppi vs. Bartali at the 1949 Tour of Italy*, Velopress, 1998, USA.

Dauncey, Hugh and Hare, Geoff, *The Tour de France 1903–2003: A Century of Sporting Structures, Meanings and Values*, Routledge, 2003, UK.

Dodge, Pryor, *The Bicycle*, Abbeville Press, 1996, USA.

Embacher, Michael, *Cyclepedia: A Tour of Iconic Bicycle Designs*, Thames & Hudson, 2011, UK. マイケル・エンバッハー『サイクルペディア自転車事典』一杉由美訳、産調出版

Fife, Graeme, *Tour de France: The History, The Legends, The Riders*, Mainstream Publishing, 2012, UK.

Fitzpatrick, Jim and Fitzpatrick, Roey, *The Bicycle in Wartime: An Illustrated History* (revised edition), Star Hill Studio, Australia, 2011.

Fotheringham, William, *Fallen Angel: The Passion of Fausto Coppi*, Yellow Jersey, 2008, UK.

Fotheringham, William, *Put Me Back On My Bike: In Search of Tom Simpson*, Yellow Jersey, 2007, UK.

Garcia, Leah, *Cycling for Everyone: A Guide to Road, Mountain, and Commuter Biking*, Knack, 2010, USA.

Goddard, J. T., *The Velocipede: Its History, Varieties, and Practice,* Hurd and Houghton, 1869, USA.

Griffin, Brian, *Cycling in Victorian Ireland*, The History Press, 2006, UK.

Hadland, Tony, *Raleigh: Past and Presence of an Iconic Bicycle Brand*, Van Der Plas Publications, 2011, USA.

Heine, Jan, *The Competition Bicycle*, Rizzoli International Publications, 2012, USA.

Henderson, Bob, and Stevenson, John, *Haynes Bicycle Book*, Haynes Publishing, 2002, UK.

Henderson, Noel, *European Cycling: The 20 Greatest Races*, Vitesse Press, 1989, UK.

Herlihy, David V., *Bicycle: The History*, Yale University Press, 2004, USA.

Hindle, Kathy and Irvine, Lee, *Thorough Good Fellow: Story of Dan Albone, Inventor and Cyclist*, Bedfordshire County Council 1990, UK.

Hume, Ralph, *The Yellow Jersey*, Breakaway, 1996, USA.

Kossak, Joe, *Bicycle Frames*, Anderson World, 1975, USA.

Lovett, Richard, *The Essential Touring Cyclist: A Complete Guide for the Bicycle Traveler*, McGraw-Hill, 2000, USA.

Macy, Sue, *Wheels of Change: How Women Rode the Bicycle to Freedom*, National Geographic Society, 2011, USA.

McConnon, Aili and McConnon, Andres, *Road to Valour: Gino Bartali: Tour de France Legend and Italy's Secret World War Two Hero*, Weidenfeld & Nicolson, 2012, UK.

Mulholland, Owen, *Cycling's Golden Age: Heroes of the Post-war Era 1946–1967*, VeloPress, 2006, USA.

Obree, Graeme, *The Flying Scotsman: The Graeme Obree Story*, Birlinn Ltd, 2004, UK.

Pignatti-Morano, Lodovico and Colombo, Antonio, *Cinelli: the Art and Design of the Bicycle*, Rizzoli International Publications, 2012, USA.

Rapley, David, *Racing Bicycles: 100 Years of Steel*, Images Publishing Group, 2012, UK.

Roche, Stephen with Walsh, David, *The Agony and the Ecstasy*, Hutchinson, 1988, UK.

Rodriguez, Angel and Black, Carla, *The Tandem Book*, Info Net Publishers, 1998, USA.

Rubino, Guido P., *Italian Racing Bicycles: The People, the Products, the Passion*, VeloPress 2011, USA.

Sarig, Roni, *The Everything Bicycle Book*, Adams Media Corp., 1997, USA.

Sharp, Archibald, *Bicycles and Tricycles: A Classic Treatise on Their Design and Construction*, Dover Press, 2003, USA.

Simpson, Tommy, *Cycling is My Life*, Yellow Jersey, 2009, UK.

Vanwalleghem, Rik, *Eddy Merckx: The Greatest Cyclist of the 20th Century*, VeloPress, 1996, USA.

Wheeler, Tony and Janson, Richard, *Chasing Rickshaws*, Lonely Planet, 1998, USA.

Wiggins, Bradley, *In Pursuit of Glory*, Yellow Jersey, 2012, UK.

Witherell, James L., *Bicycle History: A Chronological Cycling History of People, Races, and Technology*, McGann Publishing, 2010, USA.

Worland, Steve, *The Mountain Bike Book*, J. H. Haynes, 2009, UK.

索引

ア
アイヴァー・ジョンソンのトラス橋自転車 95
アイヴェル 64-7
「アイディアル」カーゴ自転車 195
アダムズ、ジョーゼフ 43
アーチャー、ジェームズ 91, 92
アドルニ、ヴィットリオ 154
アーマンド、ルイーズ 110
アミラ 202, 203
アームストロング、ランス 176-9
アメリカンスター 45
アメリカンセーフティ 45
アメリカン・ホイールメン連盟 51, 53
アラヤ 160
アリエル 32-5, 49
アリエンティ、ルイジ 171
アルボーン、ダン 64, 197
アレー 200
アレクサンドル1世（ロシア皇帝） 16
アレンセン、ルドルフ 190
アンクティル、ジャック 152, 179
アンダーソン、フィル 83
E.T.（映画） 164
イノックスプラン 206
イロン・ヤン：「ローテーション」 215
インドゥライン、ミゲル 170, 171, 177, 206-7, 209
ヴァン・タイ、ディン 138
ヴィアル・ヴェラスティック 100-1
ヴィヴィ、ポール・ド 120
ウィギンス、ブラッドリー 96, 204-5, 208-9
ヴィクトリア女王 47
ウィルソン、マーガリート 107, 110-1
ウィントン、アレグザンダー 48
ヴェクター・サービス：ザイク 211
ウェストン、フランク 50
ウェッブ、ロン 115
ヴェリブ 180-4
ウェルズ、H・G 63
ヴェロカー 102-5
ウーゴ・デローザ →デ・ローザ、ウーゴ
ウッド・ジュニア、G・A 211
ヴルメン、ジェラード 187, 188
ウルリヒ、ヤン 207
エヴァンズ、F・W 129
エヴァンズ、カデル 83, 208
エクストラオーディナリ 45
エッグ、オスカー 104, 122
エドワード、アルフ 81
エピック 201
エマール、ルシアン 149
エリス・アンド・カンパニー 42, 43
エルスウィック・スポーツ 68
オヴェンデン氏 10
大嶋洋二郎 216
オクチュリエ、イポリト 87, 88
オザナム、ジャック 9-10
オージュロー、フェルナン 89
オッパーマン、ヒューバート 82-3
オーディナリ（ハイホイーラー） 32-7, 48-53
　ドワーフ・オーディナリ 42-5
オートモート 96-9
オランダ 190-3
オリヴィエ兄弟 25
折りたたみ自転車 78, 134, 140-5, 190, 214-5

カ
カヴァンナ、ビアッジョ 130
カヴェンディッシュ、マーク 175, 203, 208, 209
カーカム、ドン 80, 82
カーゴ自転車 194-9
ガゼル 190-3
カップス、アンソニー 119
カーティス、グレン・H 48
カデク、ヨセフ：「ローカスト」 214
カニンス、マリア 110
カプロッティ、ジャン・ジャコモ 9, 13
カーペンター＝フィニー、コニー 110
カーボンファイバー 7, 174
ガラン、モリス 84, 88-9
カン、ビル 113
カンガルー 44-5
カンチェラーラ、ファビアン 203
カンパニョーロ 121, 122, 123-5
ギア 90-3, 120-5
キーツ、ジョン 21
キメイジ、ポール 151
キャノンデール CERV 216
キャリガン、サラ 82
キリアン、マイケル：「横乗り自転車」 215
クアドラント・サイクル・カンパニー 195
空気タイヤ 58-61
グッソー、ダニエル 101
グッドイヤー、チャールズ 58-9
グッドイヤー・ブラザーズ 61
グラウト、ウィリアム 33, 140
クラークソン、W・K 20-1
クランカー 158-9
クレイン、エドマンドとハリー 106
クレイン、スティーヴン 75
クレセント自転車 53
クロウ、ウィリアム 140
ケートケ・トラック用タンデム 118-9
ケリー、チャーリー 158, 159
ケリン、ウィレム 190
コヴェントリー・マシニスト・カンパニー 31
　スウィフト 62-3
　スパイダー 34
コヴェントリー・レバー 54-7

コヴェントリー・ロータリー　55-6
コッピ、ファウスト　124, 130-3
コッリネッリ、アンドレア　207
ゴドウィン、トミー　93
こども用キャリー　197
コプチョフスキー、アニー　71
ゴールズワージー、ジョン　71
コルナゴ、エルネスト　153
コルナゴ、タイムトライアル自転車　170-3
コルネ、アンリ　88
コロンバス　172
コロンビア・ハイホイーラー　48-53
コンタドール、アルベルト　203

サ
ザイク　211
サヴァール、ヴァルター　115
サーヴェロ S5　186-9
サーヴェロ・バラック　187
サストレ、カルロス　189
サットン、ウィリアム　39
ザップ将軍　139
サルヴォ・クワドリサイクル　46-7
サルヴォ・ソーシャブル　66
サルスベリー、エドワード　72
サローニ、ジュゼッペ　172
サンツアー　93, 125
サンプレックス　93, 121, 122, 125
サンレース　93
シヴラック伯爵　13
シェニンガー、アドルフ　53
ジェフリー、トマス・B　58, 60
ジェミニアーニ、ラファエル　153
ジェームズ、ハリー　36
ジェラール、アンリ　141
シェリダン、アイリーン　111
シクロクロス　100, 101
GT メレニオ QR　216
自転車と服　31, 70, 108
自転車用ランプ　72-5
シマノ　93, 125, 160
ジマーマン、アーサー　51
ジャーヴィス、トレヴァー　128-9
シャニー、ピエール　133
シャランド・リカンベント　102

車輪の多い自転車　46-7
シャンバ、ベルナール　98
シュウィン
　スティングレイ　162
　ビーチクルーザー　157
シュウィン、イグナツ　51
シュウィン、フランク・W　159
シュウィン：アーバン・ヴェロ　217
シュネップ、ジョン　211
シュル、ジャック　116-7
シュル・フュニキロ　→フュニキロ
シュレク、アンディ　203
シュレーダー、オーガスト　61
蒸気自転車　210-1
女性と自転車
　オーストラリア・チャンピオン　82
　初期の自転車　68-71
　スペシャライズド・アミラ　202
　タンデム　64-7
　トライシクル　56
　横乗り自転車　35
　レーサー　106-11
ショソン、アンヌ＝カロリーヌ　165
ジョルジェ、エミール　88
ジョンストン、ジェームズ　22
ジョンソン、デニス　18-20, 54
ジョンソン、ボリス　183
シンガー・アンド・カンパニー　65
　エクストラオーディナリー　45
シンプソン、トミー　146-51
シンヤード、マイク　200-1, 202
スウィフト　62-3
スコット、ジョン・フィンリー：「ウッドシー自転車」　157
スコット・アディクト RC　174-5
スコット、ウォルター　136
スターメー、ヘンリー　91, 92
スターメーアーチャー　90-3
スターレー、ジェームズ
　アリエル　32-5
　コヴェントリー・レバー　55-6
　コヴェントリー・ロータリー　55-6
　サルヴォ・クワドリサイクル

　46-7
　スウィフト　62-3
　ソーシャブル　66
スターレー、ジョン・ケンプ：ローバー　34-5, 38-41, 53
スタントン、エリザベス・ケイディ　68, 109
スタントン、デイヴィッド　113
スタンプジャンパー　159, 201, 203
スティーヴンズ、トマス　52-3, 71
スティングレイ　162
ステフェンズ、マシュー・J　211
ストロビーノ、アーネスト　101
ストロンベルグス、マリス　165
スヌーク、W　43
スパイダー　34
スーパーバイク　166-9
スピードウェル　82
スペシャライズド
　アミラ　202, 203
　アレー　200
　エピック　201
　スタンプジャンパー　159, 201, 203
　ターマック SL3　200-3
　フルフォース　202
　ルーベ　203
　ロックホッパー　203
スラム（SRAM）　125
セレリフェール　12-4
セロン司令官、ダニー　135
戦争と自転車　134-9
ソーシャブル　64, 66
ソリング、イェスパー　79
ソールズベリー、ハリソン　139

タ
ダウティ、H・J　61
ダーズリー・ペダーセン　76-9, 142
ターナー、ジョサイア　62
ターナー、ポール　160
ダホン折りたたみ自転車　144
ターマック SL3　200-3
ダラゴン、ルイ　94
タンジェント組みスポークの自転車　46

ダンチェッリ、ミケーレ 171
ダンディホース →ホビーホース
ダンロップ、ジョン・ボイド 59, 60
チャーチル、ウィンストン 157
チョッパー 144
ツール・ド・フランス 84-9, 121, 122
　シンプソン 146-51
　ボテッキア 96-9
ディオン伯爵、ジュール=アルベール・ド 85
T・J・サイクル 128
ディヌール、ルイ 17
ティン・イェン、チャン：バックパック自転車 214
テヴネ、ベルナール 155
テクノス 173
デグランジュ、アンリ 85, 86, 88
デュプレックス・エクセルシオー 49
デュマ、ピエール 150
デ・ヨング、フランク 192
デ・ローザ、ウーゴ 152-5, 171
デンソン、ヴィン 148
電動自転車 210-13
トゥイグ、レベッカ 110
トウェイン、マーク 49
ドゥ・ヒーヴ、ミセス 110
トゥーラ、ヨハン 16
ドゥリエー、チャールズ・E 48
都市型レンタル自転車 180-5
ドッズ、フランク 36
トレック・バイシクル 176
トマス、E・R 211
トムソン、ロバート 59-60
トライシクル（3輪車） 46, 47, 54-7, 195
ドライジーネ 12-7
ドレッジ、リリアン 110
トレピエ、フランシス 84
ドワイヤー・フォールディング・バイシクル 142
ドワーフ・オーディナリ 42-5
トンプソン、フローラ 69

ナ
ネリス、ジョージ 51

ネルソン、フランキー 71
ノヴァラ=リーバー、スー 110

ハ
バイシクルモトクロス 162-5
ハイデン、ベス 110
ハイホイーラー →オーディナリ
パヴェシ、エベラルド 133
ハーウッド、モニカ 71
ハーキュリーズ 106-11
バーク、リチャード 176
パシュレイ、ウィリアム・ラスボーン 129
パシュレイ・カーゴ自転車 196-7
走る機械 →ドライジーネ
バックパック自転車 214
バッタリン、ジョヴァンニ 206
バーテル・スペシャル 112-5
バートン、ベリル 111
ハフィー 51
バラスケヴィン=ヤング、コニー 110
バルタリ、ジーノ 124, 132-3
バルマー、リジー 109
ハロー 162-5
バローズ、マイク 166-9
ハンバー・クリッパー 57
ビアンキ 130-3, 134
BSA パラトルーパー 134-9
ピエール・ミショー 24-7
ピーク、マキシン 111
ビーチクルーザー 157
ビチタン 173
ビッカートン・ポータブル 144
ピッチーニ、アルフォンソ 99
ピナレロ 204-9
ビュイス、ルシアン 98
ヒューム、ウィリー 60
ヒルマン、ウィリアム 32
ファヴォリット 137, 138
ファシル 42-5
ファーフラー、シュテファン 54
ファラー、タイラー 186
ファンコート、ジャック 127
フィオラ、エディ 163
フィッシャー、ゲイリー 158-9
フィッシャー、ジャン 88
フィッシャー・マウンテン・バイク 159
フィネガン、トム 80
フェラーリ 173
フォルナーラ、パスクアーレ 205
フォーレ、フランシス 103, 104, 105
フォーン・フォールディング・サイクル 140
プジョー 137, 142
　PX10 146-51
プジョー、アルマン 134
2人乗り自転車 64-7, 118-9
ブッシュ、ジョージ・W 117
ブノワ、アドリン 98
フニキロ 116-7
フライングゲート 126-9
ブラッド、ウィリアム 55
ブランシャール、ジャン=ピエール 11, 54
フランセーズ・ディアマン 84-9
フランツ、ニコラ 97
フーリー、アーネスト 77
ブリーザー・シリーズ1 156-61
ブリーザー・ビーマー 100, 101
ブリッジ、フィル 214
プリンス、ジョン 110
フルフォース 202
フルブライト上院議員 139
フルーム、クリス 206
ブルーメン、エルサ・フォン 110
ブロー、ガストン 148
プロ・フィット・マドン 176-9
ベイトン・アンド・ベイトン 31
ヘインズ・アンド・ジェフリーズ 32
ベインズ VS 37 126-9
ペダーセン、ミカエル 67, 76-9
ペーターセン、ヤン 168
ベッセ、ピエール=ヴィクトル 84
ペニー・ファージング →オーディナリ
ベネット・アンド・ウッド 82
ベネル、ジョセフ 91
ベラチーノ、エンリコ 154
ペリシェ、アンリ 96, 97
ヘール、テディ 114, 115
ベルテ、マルセル 105

ベルトリオ、ファウスト 205
ベルナール、エルネスティーヌ 108
ベロシペード 20-1, 24-7
変速機（ディレイラー）120-5
ホッグ、ベヴィル 176
ポティエ、ルシアン 89
ボディ・ライト：「ハイパー・バイク」215
ボテッキア、オッタヴィオ 96-9, 205
ボーデン、フランク 91, 92
ボードマン、クリス 168-9, 171
ボーネン、トム 202
ホビーホース 18-21
ポープ大佐、アルバート・A 48, 49-53
ポープ・マニュファクチャリング・カンパニー：デイリー・サービス自転車 198
ホームズ、ジャック 127
ボリス・バイク 183
ポール、ビル 119
ボルトン、J 11
ホワイト、フィル 187
ポン 188
ボーンシェイカー 28-31

マ
マイヤー、ウジェーヌ 34
マウンテンバイク 156-61, 188, 201
マクガーン、J 63
マクガン、ビル 133
マクナマラ、マイク 111
マクミラン型ペダル自転車 22-3
マクラーレン 203
マクリーン、クレイグ 119
マクルア、サム 52
マシュー氏 11
松下幸之助 72
マーティン、ガードナー 103
マドセン 194
マリノーニ、アウグスト 9
マレー 51
ミシュラン兄弟 61
ミショー・ペロー蒸気ベロシペード 210
ミラー、ミセス・リビー 68
ミルズ、アーニー 119
ミルン、A・A 66, 67
ムーア、ジェームズ 29, 30
6日間レース 112-5
ムッソリーニ 97, 99
メクレディ、R・J 61
メリダ・バイク 202
メルクス、エディ 133, 148, 152-5, 171-2
モシェのヴェロカー 102-5
モックリッジ、ラッセル 83
モッタ、ジャンニ 153
モラレス、ボブ 163
モラン、ポール 103
モルヴァーン・スター 80-1
モールトン・スタンダード・マーク1 140-5
モレル、シャルル 141

ヤ
郵便配達 195-7
ユーレ 121, 125
横乗り自転車 216

ラ
ライアン、マイケル・B 141
ライト兄弟 8, 48
ライリー、ウィリアム 91, 92
ラヴェッツァーロ、ジャンカルロ 154
ラッタ、エミット・G 141
ラフスタッフ組合 156-7
ラボール・ツール・ド・フランス 94-5
ラルマン、ピエール 25-7
ラレー 65, 91, 92, 143-5
リカンベント 102-5
リシャール、エリー 10
リシャール、モーリス 104, 119
リスター、R・A 77, 79
リッチー、アンドルー 33
リッチー、トム 159
リビー 210, 211
リルウォール、ロブ 203
ルーカス・ランプ 72-3
ルフェーヴル、ゲオ 85, 87
ルブラン、ジャン＝マリー 178
ルーベ 203
ルモアンヌ、アンリ 103
レーザー、チャールズ 87, 88
レッシング、ハンス・エアハルト 9
レノルズ、デビー 71
レモン、グレッグ 151, 175
ローカスト 214
ロス 51
ローソン、ヘンリー 38
ロータス108 166-9
ロックホッパー 203
ローテーション 215
ローバー 34-5, 38-41, 53
ローバー蒸気ベロシペード 210
ロミンゲル、トニー 170-1
ロングテール 198
ロンゴ、ジャニー 111

ワ
ワット、キャシー 82, 83

図版出典

- p. 10 © Mary Evans Picture Library
- p. 11, 37, 40, 51, 53, 59 (top), 70 The Library of Congress | Public domain
- p. 12 (also p.4) © Joachim Köhler | Creative Commons
- p. 13 © Mary Evans Picture Library
- p. 16 Gun Powder Ma | Creative Commons
- p. 19 © Johnson's Pedestrian Hobbyhorse Riding School, 1819 (color litho), Alken, Henry (1785-1851) (after) | Private Collection | The Bridgeman Art Library
- p. 20, 29, 32, 39, 55 © Harlow Museum and Science Alive
- p. 23 © Scottish Cycle Museum, Drumlanrig Castle
- p. 24 (also p. 6), 25, 44, 46, 48, 54 (also p. 6), 57 © www.sterba-bike.cz
- p. 30 © Hodag Media | shutterstock.com
- p. 35, 42 © Science Museum | Science & Society Picture Library
- p. 41 (bottom) © SSPL via Getty Images
- p. 43, 77, 78 (top and bottom), 94, 106 © Colin Kirsch, www.OldBike.eu/museum
- p. 45 © Time & Life Pictures | Getty Images
- p. 47, 62 © courtesy of Coventry Transport Museum
- p. 52 © Advert for the Columbia Bicycle by The Pope MFG Co., Boston (color litho), American School, (19th century) | Smithsonian Institution, Washington DC, USA | The Bridgeman Art Library
- p. 58 © iStockphoto
- p. 60 © John Boyd Dunlop (1840-1921) (b/w photo), English Photographer, (20th century) | Private Collection | The Bridgeman Art Library
- p. 64 © Biggleswade History Society
- p. 68 © Tawatchai Kanthiya (T13) | Flickr
- p. 72 © MARGRIT HIRSCH | shutterstock.com
- p. 73 (top) © Sementer | shutterstock.com; (bottom) © iStockphoto
- p. 74, 75, 90, 91, 92 (top and bottom), 93, 107 (bottom), 109, 144 © www.sturmey-archerheritage.com
- p. 76 © Evis Perdikou | Flickr
- p. 79 © 4028mdk09 | Creative Commons

- p. 80 © Warren Meade, Australia
- p. 83 © Fairfax Media via Getty Images
- p. 84, 100 © Juergen Borgmann
- p. 89 © UIG via Getty Images
- p. 96, 97 (top), 99, 152, 154, 155 © Thomas Busch / Flickr
- p. 98 © Spaarnestad Photo | Mary Evans
- p. 102 © David Saunders | Flickr
- p. 104 © Gamma-Keystone via Getty Images
- p. 107 (top) © Sean Sexton Collection/CORBIS
- p. 108 © Original Costumes for the Velocipede Race in Bordeaux, 1868 (color engraving), Durand, Godefroy (b.1832) | Private Collection | The Bridgeman Art Library
- p.110 © Getty Images
- p. 111 © Dutch National Archives, The Hague, Collection: Photo news agency (Anefo), 1945-1989 - access number 2.24.01.05, item number 920-6690 CC-BY-SA
- p. 112, 113, 114 © Www.ClassicCycleUS.com
- p. 115 © SSPL via Getty Images
- p. 116 © illustration by Matt Pagett
- p. 118 © Courtesy of Arnold Csaba Butu
- p. 119 © Courtesy of Duratec
- p. 121, 146, 148, 150 © Peter C. Kohler | Flickr
- p. 124 © AFP/Getty Images
- p. 125 © Dmitry Naumov | shutterstock.com
- p. 126, 127, 128 © Mark Hudson | Flickr
- p. 131 (also p. 7) © courtesy of Bianchi
- p. 133 © 2009 AFP
- p. 135 © Tawatchai Kanthiya (T13)
- p. 137 © Mary Evans/Alinari Archives
- p. 138 © Gamma-Rapho via Getty Images
- p. 140 © Tom Taylor | http://www.flickr.com/photos/scraplab/4483121996
- p. 141, 143 © courtesy of The Moulton Bicycle Company moultonbicycles.co.uk
- p. 147 © David Hughes | Shutterstock.com
- p. 149 © Getty Images
- p. 153 © 1998 Getty Images
- p. 156, 160 © Joe Breeze | firstflightbikes.com
- p. 161 © Raphael Christinat | Shutterstock.com
- p. 162 (also p. 5) © BMX Haro

- p. 163 © bmxmuseum.com | teamharo
- p. 165 © YanLev | shutterstock.com
- p. 166 © Group Lotus PLC
- p. 169 © Getty Images
- p. 170, 171 (top and bottom), 172 (top and bottom), 173 (top and bottom) © COLNAGO
- p. 174 © SCOTT Sports SA
- p. 176 © James Huang | BikeRadar.com
- p. 177 © Peter Weber | shutterstock.com
- p. 179 © Getty Images
- p. 180 © Paul Prescott | Shutterstock.com
- p. 182 © Kevin George | Shutterstock.com
- p. 183 © Mark Ramsay | Creative Commons
- p. 184 © oversnap | iStockphoto
- p. 185 © aragami12345s | shutterstock.com
- p. 186 (also p. 7) © Cervélo
- p. 187 © Creative Commons
- p. 188 © Gsl | Creative Commons
- p. 189 © Haggisnl | Creative Commons
- p. 190 © huubvanhughten | Flickr
- p. 191 © Amy Johansson | shutterstock.com
- p. 193 © Angelo Giampiccolo | shutterstock.com
- p. 194 © Gaige Redd, photography/Sean Bates, art direction
- p. 196 © xyno | iStockphoto.com
- p. 197 © Gaige Redd, photography/Sean Bates, art direction
- p. 198 © TonyV3112 | shutterstock.com
- p. 199 © Jakub Cejpek | shutterstock.com
- p. 200, 201 (top and bottom), 202, 203 © Courtesy of Specialized Bikes
- p. 204, 205, 206, 207 © Pinarello
- p. 208 © Heb | Creative Commons
- p. 209 © BETTINI PHOTO Bettiniphoto.net
- p.211 © Carmen Martínez Banús/iStock
- p.212 © ErikdeGraaf/iStock
- p.213 © Olga Besnard | Shutterstock.com
- p. 214 © John Lund/Blend Images/Corbis
- p. 215 © Josef Cadek Design
- p. 216 © Michael Killian
- p. 217 © Image courtesy of Ron Arad Associates

All other images are in the public domain

224 図説自転車の歴史